KB140513

꽃이 숨쉬는 책 ③

절 화

— 화훼장식용 꽃 · 잎 · 가지 —

Cut Flowers & Florists Greens

부 민 문 화 사

www.bumin33.co.kr

차 례

일러두기

* 이 책에서 표기한 식물의 학명과 과명, 일반명은 "Hortus Ⅲ"(Liberty Hyde Bailey Hortorium, Macmillan Publishing Company)와 "대한식물도감"(이창복, 향문사), "원예학용어집"(한국원예학회)에 따랐다.

* 이 책에서의 학명의 표기는 이명법에 따라 속명과 종명을 기록하였으나 명명자는 생략하였고, 최근 육성된 원예 품종의 경우에 종명이 없는 것이 있어 품종명만을 적었다.

* 이 책에 표기한 수명은 실내 상온에서 예상되는 평균 수명으로 온도가 낮으면 낮을수록 수명은 늘어날 것이다.

주요 절화

Major Cut Flowers

아가판서스 *Agapanthus* spp.

Agapanthus praecox subsp. *orientalis*

과　명: 백합과(Liliaceae)

원산지: 남아프리카

영　명: Lily of the Nile, Blue African Lily

초　장: 100cm 전후

형　태: 긴 꽃대에 우산살 형태로 다수의 소화가 둥글게 모여 핀다.

수　명: 전체 화서는 7~10일 정도

관리방법

* 많은 소화가 달리므로 절화 상태에서 모든 꽃을 개화시키기 위해서는 살균제와 함께 양분이 함유된 절화보존제를 사용해야 한다.
* 소형종인 *A. africanus*는 에틸렌에 민감하여 STS 처리가 효과적인 것으로 알려져 있다.
* 우리나라의 남부지방에서는 정원에서 숙근초로 기를 수 있다.

알리움 *Allium giganteum*

과　명: 백합과(Liliaceae)
원산지: 북반구
영　명: Giant Onion, Drumstick Allium
초　장: 50~150cm
형　태: 꽃대에 수많은 꽃들이 둥근 형태의 산형화서를 이루어 핀다.
수　명: 14일 정도

관리방법

* 산형화서의 1/3 정도 꽃이 피었을 때 수확한다.
* 대형의 꽃으로 모양꽃으로서 많이 이용한다.
* 꽃대의 절단면에서 마늘 비슷한 냄새가 나지만 물에 두면 없어진다.
* 물이 썩기 쉬우므로 살균제를 사용하면 수명이 길어진다.
* 물올림은 좋은 편이다.

알스트로메리아 *Alstroemeria* spp.

과　명: 알스트로메리아과(Alstroemeriaceae)

원산지: 남아메리카

영　명: Peruvian Lily, Lily of the Incas

초　장: 30~50cm

형　태: 꽃잎이 있는 줄기가 자라 정단부에 우산살 모양으로 직경 4cm 내외의 꽃이 달린다. 화서의 기부에는 다수의 포엽이 있다. 적어도 셋 이상의 원종을 교잡하여 만들어졌기 때문에 화색이 풍부하다.

수　명: 7~14일 정도

알스트로메리아 *Alstroemeria* spp.

관리방법

* 물올림이 좋아 수명이 길기 때문에 꽃병의 물을 교환할 때 재절화를 해주는 것이 좋다.
* 꽃병에 넣을 때에는 잎이 물에 잠기지 않도록 제거한다.
* 특히 과도하게 높은 자당이 함유된 용액에서는 잎의 황화가 문제시된다.
* 에틸렌에 민감하여 꽃잎이 조기에 떨어지므로 에틸렌 억제제를 처리하는 것이 좋다.

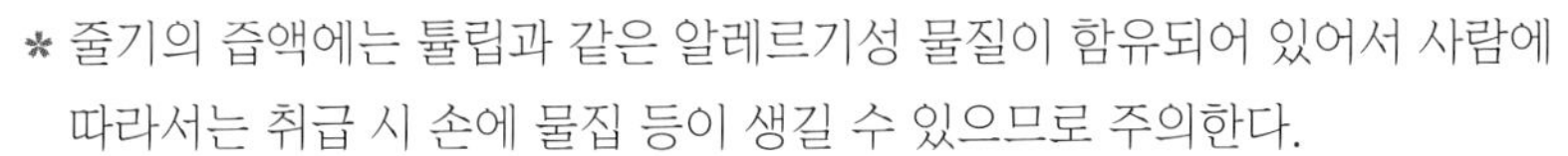

* 줄기의 즙액에는 튤립과 같은 알레르기성 물질이 함유되어 있어서 사람에 따라서는 취급 시 손에 물집 등이 생길 수 있으므로 주의한다.

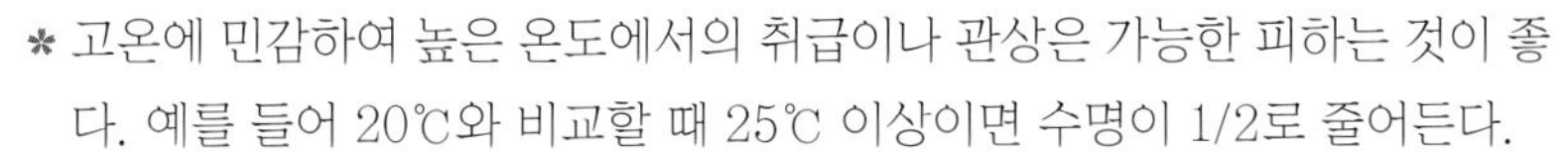

* 고온에 민감하여 높은 온도에서의 취급이나 관상은 가능한 피하는 것이 좋다. 예를 들어 20℃와 비교할 때 25℃ 이상이면 수명이 1/2로 줄어든다.

아네모네 *Anemone* spp.

과　명: 미나리아재비과(Ranunculaceae)

원산지: 지중해연안에 자생하는 *A. coronaria*를 중심으로 육성한 원예종

영　명: Poppy Anemone

초　장: 30~50cm

형　태: 겨울 동안에는 로제트 상태이다가 봄이 되면 꽃대를 내어 정단에 직경 8~15cm의 꽃 한개가 달린다. 다양한 색을 가진 봄을 대표하는 절화이다.

수　명: 4~5일 정도

아네모네 *Anemone* spp.

관리방법

* 보통 주간에 피었다가 야간에 한번 오므린 상태의 꽃을 수확한다.
* 에틸렌에 비교적 민감하여 꽃잎이 떨어지므로 수확 후 0.2mM STS 12시간 전처리가 권장된다.
* 유통 중에 옆으로 눕히면 꽃이 위쪽으로 휘어지기 쉽다.
* 가능하면 수선과 함께 꽃꽂이에 사용하지 않는다.
* 유통 후에는 2%를 넘지 않는 자당을 함유한 온도 27~38℃의 용액에서 물올림을 한다.
* 품질의 손상없이 5℃ 정도에서 저장이 가능하다.

정원에 핀 아네모네의 모습

안스리움 *Anthurium andraeanum*

과 명: 천남성과(Araceae)

원산지: 콜롬비아, 에콰도르

영 명: Flamingo Lily, Anthurium

초 장: 50~100cm

형 태: 긴 꽃대의 선단에 심장형의 불염포와 그 중앙에 봉모양의 육수화서가 발생된다. 불염포의 길이는 10~40cm이다.

수 명: 2~4주 정도

안스리움 *Anthurium andraeanum*

관리방법

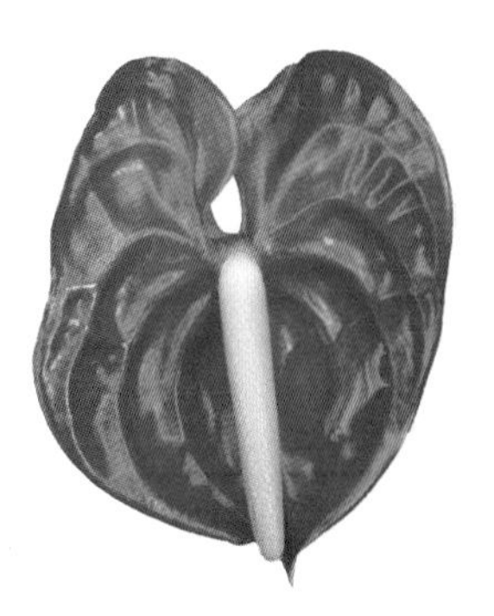

* 물올림이 좋으나 수명이 길기 때문에 물을 교환할 때 간혹 재절단을 실시한다. 주로 육수화서에서의 발산에 의한 수분 스트레스로 노화된다.
* 줄기 절단면의 상처에 의한 에틸렌의 발생은 비세균성 도관폐쇄를 가져오므로 1000ppm 질산은에 10~60분 처리로 수명이 연장된다.
* 품종에 따라서는 불염포에 상처가 발생하기 쉬운데 이때 갈변이 급속히 퍼지므로 취급에 주의가 요구된다.

Anthurium scherzerianum

금어초 *Antirrhinum majus*

과　명: 현삼과(Scrophulariaceae)

원산지: 지중해 연안

영　명: Snapdragon

초　장: 30~150cm

형　태: 직립한 줄기 상부의 총상화서에 직경 4~ 6cm의 꽃이 달린다.

수　명: 5~7일 정도

금어초 *Antirrhinum majus*

관리방법

* 재배 중 벌의 수정에 의해 꽃이 시들어 떨어진다.
* 금어초는 굴성에 매우 민감하여 유통 중 화서가 휘기 쉬운데, 수확 후 30ppm의 N-1-naphthylphthalamic acid(오옥신 이동저해제)의 처리로 방지할 수 있다.
* 외부 에틸렌에 대해서 민감하고 에틸렌의 발생과 함께 노화가 이루어져 수명이 보통 5~7일이지만 STS(0.1mM 3~8시간)를 처리하면 10~16일까지 연장된다. 그러나 최근 품종은 에틸렌에 대한 저항성이 고려되어 선발되고 있다.
* 보존기간 동안 발색을 유지하기 위해서 HQC와 자당이 첨가된 보존제의 사용이 필요하다.
* 우리나라에서는 꽃화환에서 선꽃으로 많이 이용한다.

화분에 심어 기르는 금어초

공작초, 아스터, 백공작초 *Aster* spp.

과　명: 국화과(Compositae)

원산지: 백공작초(*Aster pilosus*) – 북아메리카 원산, 우리나라에 야생
　　　공작초 – *Aster pilosus*와 *Aster novi-belgii* 간의 교잡종

영　명: Aster

초　장: 60~100cm

형　태: 직립한 줄기에 분지가 많고 그 정단에 1~1.5cm의 작은 꽃이 스프레이 상으로 많이 달린다.

수　명: 5~7일 정도

공작초, 아스터, 백공작초 *Aster* spp.

관리방법

* 작은 소국과 같은 꽃이 안개꽃과 같이 피어 채움꽃(filler flower)으로서 이용된다.
* 꽃의 중심부가 노란색에서 갈색으로 변하면서 시들어가므로 따준다.
* 백공작초는 물올림이 좋고, STS 전처리로 5일 정도 냉장저장이 가능하다. 공작초의 경우에는 절화보존제를 사용하는 것이 좋다.
* 공작초보다 꽃이 다소 큰 ***Aster novi-belgii***는 분화로 많이 이용되고 있다.

Aster novi-belgii

부바르디아 *Bouvardia* spp.

과 명: 꼭두서니과(Rubiaceae)
원산지: 중남미의 열대지방
영 명: Bouvardia
초 장: 100cm
형 태: 큰 줄기 정단부에 집산화서로 직경 1cm 정도의 작은 꽃이 달린다.
수 명: 7일 정도

부바르디아 *Bouvardia* spp.

관리방법

* 잎이 비교적 넓으므로 바람이 닿거나 고온 혹은 낮은 습도의 장소에 두지 않도록 주의한다. 일단 시들면 회복되기 어렵다. 잎을 제거하면 수명이 다소 연장된다.
* 네덜란드에서는 장미처럼 도관내의 세균 증식억제를 위한 살균제와 흡수 촉진을 위한 계면활성제의 전처리가 의무적이다.
* 유통 중 증산을 억제하기 위해 밀폐하면 잿빛곰팡이병에 의해 품질이 손상될 우려가 있다.
* 에틸렌에 대해 감수성이 있어 꽃봉오리가 떨어진다.
* 저장할 때 7℃ 이상은 유지하여야 한다.
* 물올림이 그다지 좋지 않고 줄기나 잎에 비해 꽃의 볼륨감이 적다는 단점이 있다.

금잔화 *Calendula officinalis*

과 명: 국화과(Compositae)

원산지: 유럽 남부

영 명: Common Marigold, Pot Marigold

초 장: 30~60cm

형 태: 줄기는 직립하고 잘 분지된다. 꽃의 지름은 5~10cm이다.

수 명: 5일 정도

금잔화 *Calendula officinalis*

관리방법

* 여름철 화단용 초화로 많이 이용된다.
* 일반적으로 꽃봉오리도 잘 개화된다.
* 물올림을 충분히 한 후에는 잎에 상처가 나기 쉬우므로 다소 시든 상태에서 수송한다.
* 5℃ 전후의 저온저장으로 수일간 저장이 가능하지만 너무 길어지면 꽃잎이 변색되고 기형이 된다.
* 잎이 비교적 크기 때문에 증산억제를 위해 아래 잎들을 충분히 제거한다.

화단용 금잔화

과꽃 *Callistephus chinensis*

과　명: 국화과(Compositae)

원산지: 한국, 중국

영　명: China Aster, Chinese Aster

초　장: 30~100cm

형　태: 큰 결각이 있는 잎이 달린 줄기의 상부에 다수 분지되면서 그 선단 각각에 꽃이 달린다. 보통 총포편이 꽃잎보다 길게 나와 독특한 느낌을 준다.

수　명: 5~7일 정도, 최대 15일

과꽃 *Callistephus chinensis*

관리방법

* 물올림이 다소 나쁘고 수수한 시골풍의 이미지가 있어 인기가 적었으나 최근 품종개발과 더불어 여름철 소재로서 널리 이용되고 있다.
* 주로 뭉치꽃으로 많이 이용되지만 소륜형은 채움꽃으로도 이용할 수 있다.

* 밑의 잎이 물에 잠기면 고약한 냄새와 함께 썩으므로 주의하여야 한다.
* 잎이 비교적 많으므로 유통 후에는 필요없는 잎을 제거하여 수분증발을 억제한다. 주로 잎의 황화에 의해 품질이 떨어진다.
* 1000ppm 질산은으로 10초~10분간 처리하여 수명이 증가하였다고 보고되었다.

정원에 심어 놓은 과꽃

캄파뉼라 *Campanula medium*

과　명: 초롱꽃과(Campanulaceae)
원산지: 북반구의 온대에서 아한대
영　명: Bellflower
초　장: 60~100cm
형　태: 분지가 적은 직립한 줄기 상부의 잎 겨드랑이와 정단부에 직경 1~5cm 의 꽃이 달린다.
수　명: 5~7일 정도

관리방법

* 활짝 핀 꽃은 유통 중에 상처를 받기 쉬우므로 취급에 주의하여야 한다.
* 물올림은 비교적 좋다.
* 염소계의 살균제 처리로 고온기에 보존용액이 썩는 것을 방지할 수 있다.

분화로 많이 이용하고 있는 캄파뉼라 (*Campanula poscharskyana*)

잇꽃 *Carthamus tinctorius*

과 명: 국화과(Compositae)

원산지: 알려지지 않음

영 명: Safflower

초 장: 40~130cm

형 태: 줄기는 중간에서 분지하여 그 끝에 꽃이 달린다. 두상화서는 포엽에 둘러싸여 있다. 직경은 2.5~4cm 정도이다.

수 명: 생화는 7일 정도

별 명: 홍화

관리방법

* 옛날부터 식용유의 원료나 염료, 약용으로 사용되었다.
* 가시가 없는 계통을 절화로서 이용한다.
* 꽃이 피기 시작할 때에는 황색이었다가 꽃이 만개함에 따라 붉은색을 나타낸다. 따라서 가능하면 꽃에 붉은 기미가 적고 잎이 푸른 것을 구입하는 것이 좋다.
* 물올림이 좋아 수중절단으로 쉽게 물올림한다.
* 주로 건조화로 이용된다.

센타우레아 *Centaurea suaveolens*

과　명: 국화과(Compositae)
원산지: 카스피해 연안
영　명: Yellow Sultan
초　장: 60~80cm
형　태: 분지성이 적은 얇은 꽃대의 정단부에 직경 5~6cm의 꽃이 핀다.
수　명: 7일 정도
별　명: 옐로우설탄, 물수레국화

Centaurea cyanus

관리방법

* 선명한 노란색의 꽃과 얇고 긴 꽃대를 이용한 라인을 살려서 가볍게 꽃꽂이하는 것이 일반적이다.
* 물올림이 좋은 편이다.

쿠르쿠마 *Curcuma* spp.

과　명: 생강과(Zingiberaceae)
원산지: 열대 아시아
영　명: Hidden Lily
초　장: 90~140cm
형　태: 열대 원산의 구근 식물로 꽃은 이삭 모양으로 피는데 꽃을 둘러싼 포엽이 아름답다.
수　명: 2주 이상

C. alismatifolia

관리방법

* 10℃ 이하의 저온에는 오랫동안 두지 않는다.
* 물올림이 나쁘지는 않지만 가능한 물에 담가 유통하는 것이 좋다.

심비디움 *Cymbidium* spp.

과　명: 난과(Orchidaceae)
원산지: 동아시아의 열대에서 온대까지
영　명: Cymbidium
초　장: 20~150cm
형　태: 뿌리 윗부분에 짧고 비대된 벌브(僞莖)를 형성하여 그곳에서 띠모양의 잎과 직경 3~18cm의 소화가 다수 달린 꽃대가 나온다.
수　명: 봉오리는 최대 15일, 화서는 30일 이상

심비디움 *Cymbidium* spp.

관리방법

화분괴가 손상되어 급속히 시들고 있는 꽃

* 채화 후 보통 플라스틱 물캡으로 절화에 물을 공급하여 시드는 것을 방지하므로 유통 중 물캡에 충분한 물이 있는지 체크할 필요가 있다.
* 국내에서 재배한 것은 주로 겨울철에 유통되고, 여름이나 가을에 재배된 것은 뉴질랜드 등에서 수입되고 있다.
* 물올림이 좋아 물만 수시로 교환해 주면 1개월은 충분히 유지된다.
* 화분괴 혹은 그것을 감싸고 있는 흰 캡이 떨어지면 에틸렌이 급격히 발생되어 수명이 감소된다.
* 특히 립(lip)에 안토시아닌이 많아 붉은색을 띠는 품종일수록 에틸렌 발생과 함께 붉어지면서 급속히 노화된다.
* 1-MCP 등과 같은 에틸렌 작용억제제로 전처리를 하면 수명이 2배 이상 연장될 뿐만 아니라, 화분괴의 손상 등에 의한 수명의 단축을 막을 수 있다.

다알리아 *Dahlia* spp.

과　명: 국화과(Compositae)

원산지: 멕시코, 과테말라 산악지대

영　명: Dahlia

초　장: 30~100cm

형　태: 고구마와 유사한 괴근에서 줄기가 올라와서 갈라지고 그 끝에 꽃이 달린다. 잎은 우상복엽으로 마주나며 꽃의 직경은 5~30cm 정도이다.

수　명: 5일 정도

다알리아 *Dahlia* spp.

관리방법

* 완전히 개화되었을 때 수확한다.
* 수확 후 물올림을 좋게 하기 위해 줄기 기부를 온탕처리하는 것이 일반적이다. 유통 후에는 온탕처리하여 갈색이 된 줄기 부분을 제거한다.
* 비교적 절화에 우상복엽의 잎이 많이 있으므로 직사광선이나 통풍이 있는 곳에 두지 않는다.
* 줄기가 비어 있어 약하므로 철사 등으로 고정하여 꽂꽂이를 한다.
* 2%의 자당과 함께 살균제 HQS 200~400ppm 용액에 담가두면 줄기의 부패가 방지된다.

정원용 다알리아

델피니움 *Delphinium hybridum*

과　명: 미나리아재비과(Ranunculaceae)

원산지: 멕시코, 과테말라 산악지대

영　명: Delphinium, Larkspur

초　장: 30~150cm

형　태: 잎은 단풍잎처럼 갈라져 있다. 분지성은 품종에 따라 다른데, 줄기 끝에 총상화서 형태로 꽃이 달린다. 화서의 길이는 20~100cm 정도이다.

수　명: 7~14일 정도

델피니움 *Delphinium hybridum*

관리방법

* 에틸렌에 매우 민감하므로 STS 1mM 1시간 혹은 0.2mM 12시간 전처리가 권장된다.
* 고온기에는 꽃이나 잎에서의 증산이 심하므로 5℃ 전후에서의 저장이 필요하다.
* 안이 비어있는 줄기는 물에서 썩기 쉬운데 절단면의 부패는 꽃 전체를 시들게 하므로 살균제를 포함한 절화보존제의 사용이 필요하다.
* 봉오리의 개화를 위해서 자당을 넣는 것이 좋다.
* 꽃잎이 연하여 유통 중 상처를 입기 쉬우므로 조심해서 다룬다.

국화 *Dendranthema x grandiflorum*

스탠다드형 스프레이형

과 명: 국화과(Compositae)

원산지: 한국, 중국 등에 자생하는 감국, 구절초 등의 교잡종

영 명: Florist's Chrysanthemum, Mum

초 장: 80~120cm

형 태: 이전 학명은 *Chrysanthemum* x *morifolium*이다. 매우 다양한 형태의 다년생초로 보통 줄기 끝에 큰 꽃이 달리는 스탠다드형과 많은 분지에 다수의 꽃이 달리는 스프레이형으로 나뉜다.

수 명: 1~3주 정도

국화 *Dendranthema x grandiflorum*

관리방법

* 일반적으로 수명은 스탠다드형이 스프레이형보다 짧다.
* 보통 출하 전에 줄기의 절단면을 온탕처리하므로 유통 후에는 수중절단으로 제거해 준다.
* 줄기 밑의 잎이 물에 잠겨 있으면 썩기 쉬우므로 제거해야 한다.
* 꽃의 수명이 길어서 잎이 먼저 황화되어 관상가치가 없어지는 경우가 많은데, 특히 500lux 이하의 저광도에서 심하다.
* 잎의 조기 황화를 방지하기 위해 지베렐린이나 사이토키닌을 처리할 수 있다.
* 물올림을 한 후 0~5℃에서 2~3주 정도 저장이 가능하다.
* 목질화된 절단부는 물올림이 어려우므로 제거한다.

덴파레 *Dendrobium phalaenopsis*

과　명: 난과(Orchidaceae)
원산지: 동아시아 및 오세아니아
영　명: Dendrobium
초　장: 20~100cm
형　태: 봉 모양의 위구경이 직립하여 윗부분에 잎이 달린다. 정단부의 마디에서 꽃대가 올라온다.
수　명: 2~4주 정도

관리방법

* 절화로는 주로 덴드로비움 중에서도 덴파레계가 주년 생산되고 있다.
* 많은 양이 태국에서 수입되고 있는데, 물올림이 좋고 다양한 화색의 품종이 있으며 수명도 오래가서 인기가 높다.
* 유통 중에 물캡에 충분한 물이 있는지 체크할 필요가 있다.

스위트윌리암 *Dianthus* spp.

과　명: 석죽과(Caryophyllaceae)

원산지: *Dianthus barbatus*를 중심으로 여러 종을 교잡하여 육성한 실생계

영　명: Sweet William

초　장: 50~100cm

형　태: 보통 홑겹의 1~3cm 정도 되는 작은 꽃이 줄기의 정단부에 집산화서로 핀다. 가는 꽃받침잎이 길게 뻗어나와 있는 것이 특징이다.

수　명: 5~10일 정도

관리방법

* 카네이션과 같이 에틸렌에 의해서 꽃잎이 시들므로 에틸렌 억제제의 전처리로 품질유지기간이 연장되나 카네이션보다는 그 효과가 적다.
* STS의 전처리는 1mM 1시간 혹은 0.2mM 12~24시간이 효과적이다.
* 줄기 밑부분의 잎이 물에 잠기면 썩기 쉬우므로 제거해 준다.
* 다수의 꽃이 있으므로 자당 등이 첨가된 절화보존제의 처리에 의해 개화수가 증가하여 품질유지기간이 연장된다.
* 종류에 따라서는 잎의 황화나 절단면의 부패가 관찰된다.

카네이션 *Dianthus caryophyllus*

과　명: 석죽과(Caryophyllaceae)

원산지: 지중해 연안의 원종에서 육성된 원예종

영　명: Carnation

초　장: 40~100cm

형　태: 반내한성의 다년초로서 잎은 마주나고 줄기의 상부에서 분지하여 다수의 다양한 형태와 화색을 가진 3~9cm의 꽃이 달린다.

수　명: 2주 정도

카네이션 *Dianthus caryophyllus*

관리방법

* 줄기 한대에 한송이의 꽃이 있는 스텐다드형과 다수의 작은 꽃이 달리는 스프레이형으로 나뉘는데 보통 스프레이형의 수명이 길다.
* 꽃이 에틸렌에 민감하여 꽃잎의 끝이 말리면서 시들므로 생산지에서 예냉과 물올림을 겸해서 에틸렌 작용억제제인 STS를 처리하는 것이 권장된다. 20~23℃에서 STS 0.8mM은 1시간, 0.2mM은 12시간 처리가 효과적이다.
* 다른 절화에 비해 잎의 면적이 작고 왁스층이 두꺼워서 잎의 증산에 의해 품질의 손상은 적다. 다소 시들었더라도 재절화를 통해 쉽게 회복된다. 줄기 내 세균번식에 의한 품질의 손상도 적은 편이다.
* 1000lux 이상의 광도에서 개화하면 꽃색이 선명하고 꽃도 다소 커진다.
* 스프레이형의 경우에는 흡수가 잘 되지 않아 시드는 경우가 있으므로 STS와 함께 전착제(계면활성제)의 처리가 유효하다.

꽃도라지 *Eustoma grandiflorum*

과　명: 용담과(Gentianaceae)

원산지: 북미

영　명: Lisianthus, Prairie Gentian

초　장: 50~120cm

형　태: 잎은 로제트상으로 있다가 후에 줄기가 힘차게 위로 뻗고 잎은 다소 두툼한 회록색이다. 꽃은 정단에서 다수 분지하여 5~10cm 크기로 달린다.

수　명: 2~3주 정도(작은 꽃은 보통 5~7일)

별　명: 리시안서스, 유스토마

꽃도라지 *Eustoma grandiflorum*

관리방법

* 자연적인 개화기가 7~9월인 것에서 알 수 있는 것처럼 더위에 무척 강하여 꽃이 적은 여름철에 이용가능한 대표적인 절화이다.
* 일반적으로 첫번째 꽃은 제거하고 이후 3개 정도의 꽃이 개화되었을 때 수확한다.
* 자연적인 노화 시 에틸렌이 발생된다. 에틸렌에 대한 감수성은 거의 없으나 0.2~0.8mM STS 12시간 전처리에 의해 수명이 1.5배 증가되었다는 보고가 있다.
* 꽃잎은 개화 후 2일간 낮에 벌어지고 밤에 다소 오무라드는 경향이 있다.
* 빛이 적은 실내에서 개화했을 때 꽃색이 희미해진다. 이때 살균제(200ppm HQS)와 함께 자당(2%)을 처리하면 봉오리의 개화 및 발색이 촉진된다.
* 7~8℃에서 2주 정도 저장이 가능하지만 저장 후에 잿빛곰팡이병이 발생하기 쉬우므로 주의한다.

후리지아 *Freesia* spp.

과　명: 붓꽃과(Iridaceae)
원산지: 남아프리카
영　명: Freesia
초　장: 30~80cm
형　태: 보통 분지하지 않는 꽃대에 활모양으로 휜 총상화서에 길이 1.5~5cm의 꽃이 달린다.
수　명: 1~2주 정도

관리방법

- * 꽃의 향이 좋고 꽃병에서 작은 봉오리까지 개화시킬 수 있는 튼튼한 화재로서 인기가 높다.
- * 물올림이 좋아 수중절단으로 충분하다.
- * 1ppm 정도의 불소에도 매우 민감하여 꽃잎 끝이 갈변되고 봉오리의 개화가 억제된다.
- * 수선화의 즙액에 의해 수명이 감소된다.
- * 에틸렌에 민감하므로 에틸렌 억제제의 처리로 품질이 향상된다.
- * 봉오리까지의 개화를 위해서는 살균제를 포함한 자당 처리가 권장된다.

용담 *Gentiana* spp.

과　명: 용담과((Gentianaceae)
원산지: 한국, 일본
영　명: Gentian
초　장: 60~150cm
형　태: 줄기는 직립하여 거의 분지하지 않고 상단부에서부터 잎 겨드랑이 및 정단부에 길이 4cm 전후의 꽃이 달린다.
수　명: 5~10일 정도

관리방법

* 꽃잎의 탈색 및 잎의 시들음에 의해 관상가치가 상실된다.
* 일반적인 자당과 살균제 처리의 효과가 높다.
* 유통 후에는 수중절단으로 물올림을 한다.
* 7~10℃에서 습식으로 2주간 저장이 가능하다.

거베라 *Gerbera* spp.

과　명: 국화과(Compositae)
원산지: 남아프리카
영　명: Gerbera, Transvaal Daisy
초　장: 20~45cm
형　태: 로제트상의 잎에서 꽃대가 나와 끝에 직경 6~15cm의 꽃이 달린다.
수　명: 1~2주 정도

거베라 *Gerbera* spp.

관리방법

* 밝은 색채로 상쾌하고 단정하며 꽃색도 다양하여 인기가 있다.
* 우리나라에서는 플라스틱 캡으로 꽃을 보호하여 유통된다.
* 고온기에는 다소 수명이 짧아지고, 습도가 높을 때에는 중심부에 곰팡이가 발생하기 쉽다.
* 줄기가 썩기 쉬운데, 이때 세균의 번식으로 물올림이 나빠져 꽃이 쉽게 시들게 된다.
* 수확 후에 질산은 1000ppm이나 시판하는 락스 1% 용액에 10분간 전처리하면 이후 세균의 번식을 억제할 수 있다.
* 저농도의 불소용액에 민감하여 갈색반점이 발생한다.
* 유통 후에는 가능하면 빨리 재절화하고 질산은이나 시판 락스 용액에 처리하여 세균의 번식을 억제시킨다. 눕혀서 유통시키면 줄기가 굽기 쉽다.

거베라의 재배

글라디올러스 *Gladiolus x hybridus*

과　명: 붓꽃과(Iridaceae)

원산지: 남아프리카, 지중해 연안

영　명: Gladiolus(복수는 -li), Sword Lily

초　장: 50~120cm

형　태: 구경에서 잎이 나오며 그 사이의 분지하지 않는 수상화서에 6~10cm 의 꽃이 달린다.

수　명: 1~2주 정도

글라디올러스 *Gladiolus x hybridus*

관리방법

* 물올림이 좋아 수중에서 절단한다.
* 보통 한 방향으로 꽃이 핀다. 또한 옆으로 눕혀두면 화서 끝이 굽게 되어 선꽃으로서 널리 이용되고 있다.
* 봉오리의 개화촉진을 위해 고농도의 자당을 처리한다.
* 0.25ppm의 낮은 불소 농도에서도 민감하다.
* 유통 중 중력에 따라 꽃대가 휘는데 특히 고온기에 민감하므로 주의한다.
* 절화보존제를 사용하면 수명이 길어지는데, 그 처리 예는 다음과 같다.
  → 자당 10% + 300ppm HQC(20℃, 24~72시간)

숙근안개초 *Gypsophila paniculata*

과　명: 석죽과(Caryophyllaceae)　　원산지: 유럽, 아시아
영　명: Baby's Breath　　초　장: 20~120cm
형　태: 직립한 줄기에서 많은 분지가 발생하여 얇은 줄기에 작은 꽃이 달린다.
수　명: 7일 정도　　별　명: 안개초, 안개꽃

관리방법

* 작은 흰 꽃에 부드럽게 퍼지는 화서는 채움꽃(filler flower)의 이상적인 모습이라 할 수 있다.
* 에틸렌에 민감하므로 수확 후 자당 4~6%가 함유된 STS 0.2mM 용액으로 6시간 정도의 전처리가 권장된다.
* 꽃봉오리가 고온에 방치되면 흑화(黑花)가 발생하는데, 이는 고온에서의 호흡기질 소모에 의한 것으로 여겨진다. 이를 방지하기 위해서는 20℃의 강광(6000lux 이상)에서 자당을 포함한 용액으로 개화시킨다.
* 유통 후에는 21℃ 이하의 낮은 온도(최저 2~5℃)에서 저장하고 꽃봉오리의 개화와 흑화방지를 위해 자당이 함유된 절화보존제를 사용하는 것이 좋다.
* 특히 고온기에는 보존용액에 살균제를 첨가하는 것이 필요한데, 질산은 25ppm이나 HQC 200ppm이 효과적이다.

해바라기 *Helianthus annuus*

과　명: 국화과(Compositae)
원산지: 북아메리카
영　명: Common Sunflower
초　장: 90~200cm
형　태: 식물체 전체에 털이 달려 있고 잎은 어긋난다. 줄기는 상부에 다소 분지하고, 맨끝에 큰 두상화서가 핀다. 직경은 10~40cm 정도이다.
수　명: 7일 정도

관리방법

* 물올림이 다소 좋지 않아 유통 중 시들기 쉬우므로 꽃에서부터 3마디 정도의 잎만을 남겨두고 제거한다.
* 수송 중의 고온으로 인해 잎이나 줄기가 황화되는 경우가 있으므로 저온수송이 권장된다.
* 전착제인 Triton X-100 0.01%의 1시간 전처리로 유통 후 수명이 연장되었다는 보고가 있다.

아마릴리스 *Hippeastrum* spp.

과 명: 수선화과(Amaryllidaceae)

원산지: 열대 아메리카

영 명: Amaryllis

초 장: 60~70cm

형 태: 넓고 두툼한 잎은 구근에서 나와 좌우 두갈래로 갈라진다. 꽃은 한대에 2~4개 정도 달리는데 직경 13~17cm 정도이다. 화색으로는 적색이나 핑크, 흰색 등이 있다.

수 명: 10~14일 정도

관리방법

* 보통은 한대에 꽃 4개가 달리며 순차적으로 피어 2주 정도 관상할 수 있다.
* 꽃대를 물에 꽂으면 절단면이 갈라지는데 절화의 수명에는 큰 영향을 주지 않는다.
* 물을 교환할 때 2~3cm 정도 재절화하면 마지막 꽃봉오리까지 꽃을 피울 수 있다.
* 보통 잎이 없는 상태로 유통되므로 다른 절엽이나 다른 색의 아마릴리스와 함께 사용된다.

구근아이리스 *Iris x hollandica*

과　명: 붓꽃과(Iridaceae)

원산지: 지중해 연안에 자생하는 *I. xiphium* 을 중심으로 네덜란드에서 교잡하여 육성한 원예종

영　명: Dutch(Bulbous) Iris

초　장: 50~70cm

형　태: 가을에 잎이 뿌리에서 나와 다음해 봄에 잎과 함께 꽃대를 낸다. 꽃의 직경은 10cm 전후이다.

수　명: 봉오리는 2~5일 정도　　별　명: 더치아이리스

관리방법

* 물올림이 매우 좋아 수중절단으로 충분하다. 보통 한개의 꽃 수명은 4~5일 정도이나 꽃대에 2개의 꽃이 있어 최초의 꽃이 시들때 다음 꽃이 나타난다.
* 에틸렌에는 중간 정도의 감수성(1일간 3ppm)이 있으나 에틸렌 억제제의 처리는 그다지 효과적이지 않다.
* 건조스트레스에 의한 꽃대 신장의 억제로 개화되지 못하는 것을 방지하기 위해 지베렐린 혹은 사이토키닌 등을 전처리하여 수송 후 개화를 유도하기도 한다.
* 수선화와 같은 꽃병에 두었을 때 수명이 감소된다.
* 저장은 0~2℃에서 건식으로 수 일, 습식으로 5~10일 저장이 가능하지만 개화되지 않은 꽃이 많아진다.
* 봉오리 끝이 말리거나 건조한 기미를 보이면 개화되지 않을 수도 있는데 이때에는 재절화하고 잎을 벗겨준다.

스위트피 *Lathyrus odoratus*

과　명: 콩과(Leguminosae)
원산지: 이탈리아 시실리섬
영　명: Sweet Pea
초　장: 2~4m
형　태: 향기가 좋은 덩굴성 1년초이다. 꽃은 직경 3~5cm로 덩굴의 잎 겨드랑이에서 꽃대가 나와 총상화서에 달린다.
수　명: 5~7일 정도

관리방법

* 에틸렌에 매우 민감하여 꽃잎이 떨어지므로 수확 후 STS(0.25mM 1시간)로 전처리하면 꽃잎이나 꽃봉오리가 떨어지는 것을 완전히 억제할 수 있다.
* 꽃잎이 연하기 때문에 유통 중의 물리적인 혹은 잿빛곰팡이병에 의한 상처를 입기 쉽다.
* 수명의 연장과 꽃봉오리의 개화 및 발색을 위해서는 자당과 함께 HQC와 같은 보존제의 처리가 반드시 필요하다.

리아트리스 *Liatris spicata*

과 명: 국화과(Compositae)
원산지: 북아메리카 동부
영 명: Liatris, Gayfeather
초 장: 100~150cm
형 태: 괴근에서 여러 개의 분지 하지 않는 줄기가 올라와 맨끝에 수상화서로 빽빽히 꽃이 달린다. 화서는 40~80cm 정도이다.
수 명: 7일 정도

관리방법

* 대표적인 선꽃(Line Flower)으로서 윗부분의 꽃이 1/2 정도 피었을 때 유통되는 것이 일반적이다.
* 절화보존제를 사용하면 수명이 오래 연장된다.
  → 21℃에서 HQC 200ppm과 자당 5% 용액에서 24~72시간
* 하엽은 제거하고 pH 3.5의 깨끗하고 미지근한 물로 물올림한다.
* 봉오리까지의 개화를 위해서는 살균제를 포함한 자당 처리가 권장된다.

백합, 나리 *Lilium* spp.

나팔백합　　　　오리엔탈 백합

과　명: 백합과(Liliaceae)

원산지: 북반구 아열대~온대(주로 아시아)

영　명: lily

초　장: 50~150cm

형　태: 구근에서 줄기가 한대 올라오는데 꽃은 끝부분에 달리거나 총상 혹은 원추, 산형화서로 달린다. 꽃의 크기는 종류에 따라 매우 달라 7~20cm 정도이다.

수　명: 봉오리→ 5~7일 정도, 화서→ 10~21일 정도

관리방법

* 다양한 색과 모양의 품종이 있는데 수명이 비교적 길고 물올림도 좋아 다루기 쉬운 절화로서 플라워디자인이나 꽃다발 등에 널리 이용되고 있다.
* 꽃가루가 옷에 닿으면 쉽게 지워지지 않으므로 개화 즉시 꽃가루를 제거해야 한다. 꽃가루의 제거와 수명 간에는 특별한 관계가 없다.
* 백합은 경우에 따라 꽃보다 잎의 황화가 문제가 되는 경우가 있어 지베렐린의 전처리가 권장되고 있다.
* 주로 아시아틱계의 일부 품종의 경우 외부 에틸렌에 감수성이 있어 수명이 감소하나, 모든 백합이 에틸렌에 민감하지는 않다.
* 적절한 전처리를 하였을 때 3~5℃에서 4주간 저장이 가능하다.

백합, 나리 *Lilium* spp.

백합의 종류

* 오리엔탈 백합(Oriental Hybrids): *L. auratum*이나 *L. speciosum*과 같이 일본 등지에 자생하는 야생종 간의 교잡을 통해 만들어진 품종군으로, 꽃은 잔모양으로 크고 보통 향기가 있으며 옆쪽을 향해 핀다. 초장은 100~120cm 정도로 백합의 종류 중 가장 대형이다.
* 아시아틱 백합(Asiatic Hybrids): *L. maculatum*이나 *L. lancifolium*과 같은 한국, 일본, 중국 등에 자생하는 야생종을 교배해서 육성한 품종군으로, 꽃은 잔모양으로 보통 위쪽를 향해 많이 핀다. 초장은 60~120cm 정도이다.
* 나팔백합(*L. longiflorum*): 일본의 남부 도서에 자생하는 식물을 개량한 종류이다. 철포백합(テッポウユリ)이라고도 한다.
* LA 하이브리드(LA Hybrids): 나팔백합과 아시아틱 백합 간의 교잡을 통해 만들어진 품종군으로, 모양은 아시아틱 백합과 유사하나 꽃이 크고 초장이 긴 것이 특징이다.
* 신나팔백합(*Lilium* x *formolongi*): 나팔백합과 대만 원산의 *Lilium formosum* 간의 교배종이다. 실생계로 단기 출하가 가능한 것이 특징이다.
* 그외 서양에서는 나팔백합이 소개되기 이전에 많이 이용되었던 마돈나백합(*L. candidum*) 등이 있다.

아시아틱 백합

숙근스타티스 *Limonium hybridum*

과　명: 갯질경이과(Plumbaginaceae)

원산지: *L. latifolium*과 *L. bellidifolia*간의 종간교잡을 통해 육성된 주년 개화성 다년초

영　명: Hybrid Limonium　　　　초　장: 30~80cm

형　태: 줄기 끝에서 갈라져 그 끝에 수많은 작은 꽃들이 달린다.

수　명: 2~3주 정도　　　　별　명: 미스티블루, 카스피아

관리방법

* 대표적인 품종을 미스티블루나 카스피아라고도 한다.
* 관상부위는 스타티스(*L. sinuatum*)와 달리 꽃받침잎이 아닌 꽃잎이다.
* 꽃잎이 에틸렌에 의해 노화되므로 STS 전처리에 의해 개개 꽃의 수명이 증진되고, 자당에 의해 꽃봉오리의 발달과 개화가 촉진된다.
* STS 0.2mM과 6~10% 자당의 용액으로 6~24시간 전처리가 권장된다. 살균제로서 4가 암모늄염계의 Physan 20이 유효하다.
* 유통 후 꽃봉오리의 개화를 위해 화원에서의 자당처리가 필요하다.

스타티스 *Limonium sinuatum*

과　명: 갯질경이과(Plumbaginaceae)

원산지: 지중해 연안이 원산인 2년초이나 보통 1년초로 취급된다.

영　명: Statice　　　　　　　　　초　장: 30~80cm

형　태: 줄기에 보통 특징적인 날개가 있고, 분지된 가지에 치우친 집산화서에 거친 질감의 화려한 꽃받침과 흰색의 꽃잎을 가진 꽃이 달린다.

수　명: 약 1~2주, 건조화는 1년 정도

관리방법

* 유통 중 잿빛곰팡이병이 발생하기 쉬우므로 수확 후 물올림한 이후는 가능한 말려서 상자에 포장한다.
* 관상 중 잎이나 줄기의 황화방지 및 봉오리의 개화를 촉진하기 위해서 지베렐린의 처리가 권장된다.
* 봉오리의 개화를 위해서는 유통 후에 재절화하고 가능한 따뜻한 물에서 물올림을 시키는데, 이때 GA(20~30ppm)나 질산은(30ppm)이 첨가된 용액을 사용하면 더욱 촉진된다.
* 화원에서는 간혹 물이 썩기도 하므로 물의 교환과 함께 살균제의 처리도 권장된다.

스토크 *Matthiola incana*

과　명: 십자화과(Cruciferae)

원산지: 남부 유럽

영　명: Stock

초　장: 30~80cm

형　태: 잎은 피침형으로 길이 10~40cm의 수상화서가 줄기 정단부에 달리는 2년초이다.

수　명: 14일 정도

스토크 *Matthiola incana*

관리방법

* 보통 밑의 꽃들이 1/2에서 2/3 정도 피었을 때 수확한다.
* 0.1mM STS 1시간 전처리에 의해 꽃잎의 노화가 억제되어 수명이 1.5배 정도 연장된다. 그러나 경우에 따라서는 잎의 황화와 같은 약해가 발생하므로 계절이나 품종에 따라 주의하여 처리한다.
* Tween 20이나 Triton X-100과 같은 시판하는 계면활성제 100~1000ppm 1시간의 전처리로 수송 후 물올림을 촉진시킬 수 있다.
* 장시간의 전처리나 물올림은 꽃대를 길어지게 만든다.
* 수송 중 굴성에 의해 꽃대가 휘기 쉬우므로 주의한다.
* 2~5℃에서 3일 정도 저장이 가능하다.
* 수송 후 줄기 밑부분이 목질화되어 있으면 제거한다. 하엽을 제거하면 물올림이 그다지 좋지 않으므로 가능하면 빨리 미지근한 물에서 물올림을 실시한다.
* 보존용액이 썩는 것을 방지하기 위해 1리터의 물에 락스 2~3ml를 첨가하여 사용한다.

나팔수선 *Narcissus pseudonarcissus*

과　명: 수선화과(Amaryllidaceae)

원산지: 지중해 연안

영　명: Daffodil, Trumpet Narcissus

초　장: 30~40cm

형　태: 구근은 인경으로 긴 선형의 잎이 2~5개 나오고 그 사이에서 꽃대가 나와 끝에 직경 3~8cm의 꽃이 핀다.

수　명: 4~8일 정도

나팔수선 *Narcissus pseudonarcissus*

관리방법

* 운송 후 미지근한 물에서 재절화를 실시한다.
* 보존제로는 기존의 상업 보존제나 200ppm HQC와 2% 설탕 혼합용액이 적당하다.
* 5℃ 정도에서 저장이 가능하다.
* 수선화에서 나오는 점액물질이 다른 절화의 수명을 감소시키므로 가능하면 다른 절화와 같은 용기에 놓지 않는 것이 좋다.
* 1~2℃, 상대습도 90%, 건식으로 직립해서 2주간 저장이 가능하다.

수선화(*Narcissus tazetta*)

온시디움 *Oncidium* spp.

과　명: 난과(Orchidaceae)
원산지: 열대에서 아열대 아메리카
영　명: Dancing Lady Orchid
초　장: 15~100cm
형　태: 착생, 지생 등 생태는 다양하며 형태는 변화가 풍부하다. 화경은 2.5~10cm 정도이다.
수　명: 1~2주 정도

관리방법

* 주로 노란색 꽃이 많이 달리는 분화로 연상되지만, 최근에는 다양한 화색과 화형, 그리고 향기가 있는 품종까지 출하되고 있다.
* 물올림이 좋아서 시들어 보일 때 수중절단을 하면 곧 회복된다.

아이슬란드포피 *Papaver nudicaule*

과　명: 양귀비과(Papaveraceae)
원산지: 고위도의 북반구, 시베리아 지방
영　명: Iceland Poppy, Arctic Poppy
초　장: 30~50cm
형　태: 잎은 근출엽으로 그 안에서 꽃대가 나와 6~10cm의 꽃이 달린다.
수　명: 5일 정도
별　명: 서양양귀비

관리방법

* 봉오리가 벌어져 잔뜩 주름진 얇은 비단과 같은 꽃잎이 나와 천천히 벌어지는 모습이 섬세한 분위기를 연출한다.
* 절화로서 상당히 튼튼하여 물올림도 좋고 봉오리 상태로 유통되더라도 모든 것이 개화된다. 따라서 구입시 색깔있는 봉오리 상태의 것을 선택하는 것이 좋다.
* 줄기에서 우유같은 즙액이 나오는데 뜨거운 물에 담그면 멈추게 할 수 있다.
* 저장은 습식으로 4℃에서 3~5일 가능하다.

팔레놉시스, 호접란 *Phalaenopsis* spp.

과　명: 난과(Orchidaceae)
원산지: 인도, 동아시아, 호주, 필리핀, 대만
영　명: Moss Orchid
초　장: 20~100cm
형　태: 육질의 잎이 호생한다. 3~10cm의 꽃은 보통 한 꽃대에 두 개 이상 10개 정도가 달린다.
수　명: 작은 꽃은 14~28일 정도

관리방법

* 에틸렌에 매우 민감하다. 수정이 되면 많은 에틸렌을 발생하면서 이틀 이내에 시든다.
* 화경의 부드러운 곡선을 살려 부케용이나 대형 디스플레이에 이용된다.
* 추위에 약하므로 겨울철에는 주의를 필요로 한다.

도라지 *Platycodon grandiflorum*

과　명: 초롱꽃과(Campanulaceae)
원산지: 한국, 중국, 일본
영　명: Balloon Flower
초　장: 40~100cm
형　태: 지하에 다육질의 굵은 뿌리를 가진 숙근초로, 줄기는 직립하여 상부에서 다소 분지하며 정단에 4~6cm의 꽃이 달린다.
수　명: 꽃은 3일 정도

관리방법

* 작은 꽃의 수명이 비교적 짧으므로 가능하면 많은 봉오리가 있는 것을 구입한다.
* 주로 수중절단으로 물올림을 실시한다.

장미 *Rosa* x *hybrida*

과　명: 장미과(Rosaceae)

원산지: 북반구

영　명: Rose

초　장: 30~100cm

형　태: 보통 5개의 소엽으로 구성된 우상복엽이 붙은 가지의 정단부에 다양한 화색의 겹꽃이 달린다.

수　명: 5~14일 정도

장미 *Rosa x hybrida*

관리방법

* 장미의 목본성 가지는 물올림이 그다지 좋지 않다. 특히 세균에 의한 도관의 폐쇄로 물올림이 나빠져 일반적으로 2차목부가 발달되어 있지 않은 꽃의 바로 밑부분이 밑으로 쳐지게 되는 목꺾임(bent neck)에 의해 관상가치가 상실된다. 품종에 따라서는 꽃잎이 시드는 경우도 있다.
* 붉은 장미에서 수분스트레스가 없을 경우 정상적인 노화 증상은 꽃잎이 푸르게 변하는 블루잉(blueing)이다.
* 유통 중 가지내로 들어간 공기에 의해 물올림이 나빠지는 것을 방지하기 위해서 전착제(계면활성제)의 전처리가 권장된다.
* 보존용액내 세균의 증식을 억제하여 품질보존 기간을 연장하기 위해서는 살균제(시판 절화 장미용 보존용액이나 HQS, 질산은, 황산알루미늄 등)의 처리가 반드시 필요하다.
* 다른 절화에 비해 상대적으로 잎의 면적이 넓기 때문에 잎의 증산에 의해 수분손실이 크므로 가능한 건조하거나 바람이 많은 곳에 두지 않는다.
* 잎 증산의 대부분은 잎의 밑면에 있는 기공에 의해서 발생하는데 품종에 따라서는 겨울철 재배하였을 때 기공이 닫히지 않아 과도한 증산에 의해 잎이 말라버리는 경우가 있다. 이러한 품종은 겨울철에 재배한 절화의 수명이 매우 짧으므로 개화촉진을 위한 자당의 처리는 피하는 것이 좋다.
* 여름철과 같이 습도가 높을 때에는 유통 중 특히 백색계에서 잿빛곰팡이병의 발생에 의해 품질이 손상되므로 취급에 주의한다.
* 스프레이형의 경우에는 꽃봉오리의 개화를 촉진하기 위해서 최대 2%의 자당을 보존용액에 넣는 것이 좋다. 이때 낮은 광도에서 개화된 꽃봉오리의 색은 다소 묽어진다.

솔리다스터 *X Solidaster luteus*

과　명: 국화과(Compositae)

원산지: *Solidago*속과 *Aster*속의 속간 교잡종

영　명: Solidaster　　　　초　장: 60~70cm

형　태: *Aster*속의 분지성이나 이 속에는 없는 황색의 조화가 아름답다. 줄기는 길게 뻗고 상부에서 분지를 많이 내어 수많은 두상화가 스프레이형으로 달린다. 꽃의 직경은 1cm 정도이다.

수　명: 5~7일 정도

관리방법

* 분지가 많고 작은 꽃이 스프레이상으로 달리는데 담황색의 부드러운 색채가 좋아 서양풍의 꽃과 함께 채움꽃으로 이용되고 있다. 자연개화기는 7~8월이나 현재는 연중 생산되고 있어 공작초와 함께 중요한 소재로 취급되고 있다.
* 수확 후 STS를 처리하는 것이 좋다.
* 물올림은 좋지만 잎이 부드러워 상처입기 쉬우므로 하엽이나 큰 잎은 제거하여 사용하는 것이 좋다.

극락조화 *Strelitzia reginae*

과　명: 극락조화과(Strelitziaceae, 이전에는 파초과)
원산지: 남아프리카
영　명: Bird-of-Paradise
초　장: 100cm 전후
형　태: 다육질의 근경을 가진 다년초로, 꽃은 꽃대에서 둔각으로 굽은 배모양의 포엽에 둘러싸여 여러 개의 꽃(오렌지색과 보라색 부분)이 피는데 화서의 길이는 20cm 정도이다.
수　명: 1~2주 정도

관리방법

* 습할 때는 포엽이나 꽃에 잿빛곰팡이병이 발생하는 경우가 있으므로 꽃 전체를 살균제로 처리한다.
* 살균제(HQC 259ppm)와 자당(10%)에 함유된 산성용액(구연산으로 pH 3.5)으로 물올림을 하면 수명이 상당히 연장된다.
* 7℃ 이하에서는 냉해를 입는다.
* 유사종으로 열대 분위기를 자아내는 헬리코니아가 있다.

헬리코니아(*Heliconia*)

튤립 *Tulipa* spp.

과　명: 백합과(Liliaceae)
원산지: 중앙아시아, 북아프리카
영　명: tulip
초　장: 20~70cm
형　태: 꽃대의 끝에 보통 직경 5~8cm의 꽃 한개가 달려 잎과 함께 이용된다.
수　명: 3~6일 정도

관리방법

* 물올림이 좋고 가격도 비교적 저렴하며 다른 절화와 잘 어울린다.

* 꽃잎은 보통 주야운동을 해서 낮에 피고 저녁에 지는데, 이는 주야간 온도 차이에 의해 나타나는 생장의 한 현상으로, 수명이 다하게 되면 이러한 주야간 운동을 멈춘다.

튤립 *Tulipa* spp.

* 꽃이 피는 동안에는 꽃대가 계속 늘어나는 성질이 있어 더운 곳에서는 너무 길어져서 옆으로 쳐지는 경우도 있다. 이러한 신장생장은 절화 보존제의 사용으로 촉진되고, 에틸렌 처리에 의해 방지된다. 보통 빛의 방향에 따라 치우쳐 자란다.

* 2℃ 냉장과 건식의 직립한 상태에서 5일 정도 저장이 가능하다.

* 수선화와 같은 꽃병에 두었을 때 수명이 급격히 감소된다.

* 취급 시 즙액이 손에 닿으면 사람에 따라서는 물집이 생길 수 있으므로 주의해야 한다.

칼라 *Zantedeschia* spp.

과 명: 천남성과(Araceae)

원산지: 남아프리카

영 명: Calla, Calla Lily

초 장: 30~100cm

형 태: 잎은 비대한 근경에서 나오고 그 중앙에 꽃대가 올라와서 육수화서와 그를 감싼 불염포로 된 꽃이 핀다.

수 명: 7일 정도

관리방법

* 절화로서는 *Z. aethiopica*를 중심으로 교잡된 품종이 많은데, 이들은 불염포에서의 증산이 많아 잘 시든다.
* 저장은 물에 담가 4℃에서 1주일 정도 가능하다.
* 수송 중 건조는 금물이므로 습도를 유지시켜 준다.
* 불염포는 상처입기 쉬우므로 주의하여 취급한다.

기타 절화

Minor Cut Flowers

캥거루포 *Anigozanthos* spp.

과　명: Haemodoraceae
원산지: 오스트레일리아 서남부
영　명: kangaroo pow
초　장: 20~200cm
형　태: 지하경에서 검모양의 잎을 낸다. 꽃은 분지하여 총상화서를 이룬다. 꽃의 직경은 3~8cm 정도이다.
수　명: 1~2주 정도

병솔나무 *Callistemon speciosus*

과　명: 도금양과(Myrtaceae)
원산지: 오스트레일리아
영　명: Bottlebrush
초　장: 2~3m
형　태: 가지를 많이 내는 상록성 작은나무로서 늘어지는 형태로 뻗어 수상화서로 꽃이 정단부에 핀다. 화서의 길이는 12~15cm 정도이다.
수　명: 1~2주 정도

카틀레아 *Cattleya* spp.

과 명: 난과(Orchidaceae)
원산지: 중남미
영 명: Cattleya
초 장: 10~80cm
형 태: 바위 등에 붙어 착생한다. 잎은 포복경에서 올라오는데 위의 1~2잎의 사이에서 꽃대가 나온다. 보통 5~20cm 크기의 꽃이 핀다.
수 명: 2주 정도

맨드라미 *Celosia cristata*

과 명: 비름과 (Amaranthaceae)
원산지: 열대아시아, 인도
영 명: Cockscomb
초 장: 15~100cm
형 태: 줄기는 두껍고 직립한다. 꽃은 줄기 끝에 닭벼슬 또는 성화 모양으로 피는데 화서의 길이는 15~30cm이다.
수 명: 2주 정도

왁스플라워 *Chamelaucium uncinatum*

과 명: 도금양과(Myrtaceae)
원산지: 오스트레일리아
영 명: Geraldton Waxflower
초 장: 2~3m
형 태: 가지가 얇고 잘 분지하는 상록성 작은 나무로 선형의 잎은 마주난다. 꽃은 직경 1~1.5cm로 짧은 곁가지의 잎겨드랑이에 맺는다.
수 명: 1~2주 정도

클레마티스 *Clematis* spp.

과 명: 미나리아재비과 (Ranunculaceae)
원산지: 지중해연안, 동북아시아
영 명: Virgin's Bower, Leather Flower, Vase Vine
초 장: 수 m
형 태: 다년생 덩굴식물로 줄기가 갈라지면서 자라 여름철에 줄기 정단 부분의 잎겨드랑이에서 직경 5~15cm의 꽃이 핀다.
수 명: 5~7일 정도

독일은방울꽃 *Convallaria majalis*

과　명: 백합과(Liliaceae)
원산지: 유럽
영　명: Lily-of-the-valley
초　장: 25~35cm
형　태: 유럽원산의 숙근초로서 봄철 뿌리에서 나온 잎 사이로 꽃대가 올라와 종모양의 꽃이 밑을 향해 핀다. 우리나라 은방울꽃(*C. keiskei*)에 비하여 전체적으로 크다.
수　명: 5~7일 정도

유카리스 *Eucharis grandiflora*

과　명: 수선화과 (Amaryllidaceae)
원산지: 콜롬비아 칠레의 안데스 지역
영　명: Amazon Lily
초　장: 60~80cm
형　태: 길이 30cm 정도의 달걀과 비슷한 모양 잎 사이에서 60~80cm 정도의 꽃대가 올라와 5~10개의 꽃을 피운다. 꽃의 직경은 6~8cm이다.
수　명: 5~7일 정도

천일홍 *Gomphrena globosa*

과 명: 비름과 (Amaranthaceae)

원산지: 열대아메리카

영 명: Globe Amaranth

초 장: 20~60cm

형 태: 뿌리 근처에서 올라온 줄기가 갈라지면서 구형 또는 원통형의 작은 꽃들이 무리지어 핀다. 화서의 직경은 1~2cm이다.

수 명: 건조화로 이용할 경우 수 개월

헬리크리섬 *Helichrysum bracteatum*

과 명: 국화과(Compositae)

원산지: 오스트레일리아

영 명: Strawflower

초 장: 30~90cm

형 태: 국화과 꽃에서 일반적인 관상부위인 설상화(舌狀花)가 없이 총포편(總苞片)이 꽃잎과 같이 아름다운 색을 가지고 있다. 줄기의 상부에서 분지하여 끝부분에 직경 5~8cm의 꽃이 달린다.

수 명: 7일 정도

익소라 *Ixora chinensis*

과　명: 꼭두서니과 (Rubiaceae)

원산지: 중국, 말레이지아

영　명: Ixora

초　장: 100cm

형　태: 추위에 비교적 약한 상록성 작은나무로서 가지 끝에 직경 5~15cm의 꽃이 집산화서로 핀다.

수　명: 1~2주 정도

오르니소갈럼 *Ornithogalum* spp.

과　명: 백합과(Liliaceae)

원산지: 유럽, 아프리카, 서부 아시아

영　명: Wonder Flower

초　장: 20~80cm

형　태: 인경상 구근에서 나온 잎 사이에 긴 꽃대가 나와 직경 2~3cm의 꽃이 밑에서 핀다. 화서의 길이는 5~20cm이다.

수　명: 2주 정도

옥시페탈럼 *Oxypetalum caeruleum*

과 명: 박주가리과 (Asclepiadaceae)
원산지: 브라질, 우루과이
초 장: 40~100cm
형 태: 덩굴성 상록 다년초로 줄기는 지그재그 모양으로 자란다. 꽃은 줄기 끝의 잎 겨드랑이에 여러개가 달린다. 박주가리과는 줄기나 잎을 자르면 흰 유액이 나오므로 물속에서 잘라 씻어내어 물올림을 한다.
수 명: 1주 정도

산더소니아 *Sandersonia aurantiaca*

과 명: 백합과(Liliaceae)
원산지: 남아프리카
영 명: Chinese-lantern Lily, Christmas-bells
초 장: 60~100cm
형 태: 괴경상 구근에서 올라온 얇은 줄기 윗부분의 잎 겨드랑이에서 길이 3cm의 꽃이 핀다.
수 명: 5~7일 정도

데저트피 *Swainsona formosa*

과 명: 콩과(Legunimosae)
원산지: 오스트레일리아
영 명: Desert Pea
초 장: 60~120cm
형 태: 덩굴성 다년초로 덩굴은 잘 분지하지 않고 정단부의 잎겨드랑이에서 4~6개의 작은 꽃이 총상화서로 핀다. 꽃은 길이 7~8cm 정도이다.
수 명: 1주 정도

미니매리골드 *Tagetes lucida*

과 명: 국화과(Compositae)
원산지: 멕시코, 과테말라
영 명: Sweet-scented Marigold
초 장: 50~70cm
형 태: 원종의 소박한 이미지를 풍기는 작은 꽃들이 뿌리에서 올라온 줄기 윗부분에 달리는데 향기가 있다. 건조화로도 이용이 가능하다.
수 명: 2주 정도

꽃은 단순히 장식물이 아니라
우리의 영혼을 위안해주는
자연의 선물이다.

절지 및 절엽

Florists Greens

아스클레피아스 프루티코사 *Asclepias fruticosa*

과　명: 박주가리과
(Asclepiadaceae)

원산지: 남아프리카

영　명: Milkweed, Silkweed

별　명: 풍선초

특　징

* 여름에 흰색 꽃이 핀 후 풍선 모양의 열매가 달린다.
* 열매의 껍질이 여리므로 취급 시에 손상을 받지 않도록 주의한다.
* 물올림은 다소 좋지 않으므로 물속에서 자른 후 흰 유액을 씻어낸다.

아스파라거스 *Asparagus* spp.

Asparagus setaceus (*A. plumosus*)

과　명: 백합과(Liliaceae)
원산지: 유라시아
영　명: Asparagus

A. densiflorus cv. Myers

특　징

* 지하부에 비대한 줄기가 있는 다년초이다.
* 이 속은 보통 잎이 없이 줄기가 잎과 같이 변태된 엽상경(葉狀莖)이 발달되어 있다.
* 절화보존제를 사용하는 것은 효과가 없거나 역효과가 나온다.
* 2~4℃에서 5일간 습식저장이 가능하다.
* 고온기에는 엽상경의 황화 및 탈리가 심하다.
* *A. densiflorus* cv. Myers의 경우에는 수명이 매우 길다.

엽란 *Aspidistra elatior*

품종 Asahi

과　명: 백합과(Liliaceae)
원산지: 중국, 일본
영　명: (Cast) Iron Plant

특　징

* 상록성 다년초로 지하경에서 잎이 직립하는데 주로 관엽식물로 많이 이용된다.
* 절엽으로는 잎끝에 노란 반엽이 들어간 Asahi 품종이나 크기가 다소 작고 잎 전체에 반점이 들어간 Punctata 품종, 잎에 세로로 노란 줄무늬가 들어간 Variegata가 널리 이용된다.
* 물올림이 좋고 수명이 매우 길다.

아스플레니움 *Asplenium* spp.

과　명: 꼬리고사리과
(Aspleniaceae)
원산지: 열대 및 아열대 아시아
영　명: Bird's Nest Fern

특　징

* 나무 수간 등에 착생하는 상록성 고사리류로 *A. nidus*나 *A.nidus* cv. Avis가 관엽식물로 이용되고 절엽으로는 *A. antiquum*이 주로 이용된다.
* 엽상체(葉狀體: 고사리의 잎을 지칭)는 광택이 있는 밝은 녹색으로 70cm 전후이며 뒷면에 포자가 붙어 있지 않은 것이 주로 절엽으로 이용된다.
* 물올림이 좋고 수명이 매우 길다.

금식나무, 무늬식나무 *Aucuba japonica* cv.Variegata

과　명: 층층나무과(Cornaceae)
원산지: 한국, 일본
영　명: Japanese Aucuba, Japanese Laurel

특　징

* 부드러운 톱니모양의 결각이 있는 잎에 노란색 반점이 산재해 있다.
* 물올림이 좋고 수명이 매우 길어 절지로 널리 이용되고 있다.

꽃양배추 *Brassica oleracea* var. *acephala*

과 명: 십자화과(Cruciferae)

원산지: 유럽

영 명: Flowering Cabbage, Decorative Kale

특 징

* 주로 가을철 화단식물로 이용하고 꽃꽂이에서는 비교적 대형의 소재로 이용된다.
* 유통 중 가장자리 잎이 손상을 받기 쉬우므로 주의하여야 한다.
* 물올림은 비교적 잘 되지만 온도가 너무 높으면 잎이 시들 수 있다.

꽃고추 *Capsicum annuum*

과　명: 가지과(Solanaceae)
원산지: 남아메리카
영　명: Red Pepper

특　징

* 원산지에서는 다년초이나 우리나라에서는 1년초로 취급된다.
* 열매의 색은 노랑, 주황, 빨강 등 다양하다.
* 물올림은 따로 필요없으며 건조상태로도 이용할 수 있다.

노박덩굴 *Celastrus orbiculatus*

과　명: 노박덩굴과(Celastraceae)

원산지: 한국, 일본, 중국

영　명: Oriental Bittersweet

특　징

* 우리나라에 자생하는 나무로서 덩굴성 가지와 가을철 열매가 아름다워 꽃꽂이 소재로 이용된다.
* 건조에 강하므로 유통 중이거나 이용할 때 보존용액에 담그지 않아도 된다.

죽절초 *Chloranthus glaber*

과　명: 홀아비꽃대과(Chloranthaceae)
원산지: 제주도, 일본, 중국

특　징

* 상록성 관목으로 붉은 열매는 10~12월에 성숙한다.
* 물올림이 다소 좋지 못하므로 수중 절단 후 끝부분을 불로 가열하여 물올림을 좋게 한다.

크로톤 *Codiaeum variegatum*

과　명: 대극과(Euphorbiaceae)
원산지: 동인도에서 오스트레일리아 북부
영　명: Croton

특 징

* 열대지방에서는 상록성 관목으로, 우리나라에서는 주로 관엽식물로 이용된다.
* 나선형이나 만돌린형 등 다양한 형태와 노란색, 붉은색, 흑자색 등의 다채로운 색상이 한 잎에 혼재되어 화려한 장식에 이용된다.
* 줄기나 잎을 절단하면 흰 유액이 나오므로 물에 씻어서 사용한다. 물올림은 다소 나쁜 편이다.
* 추위에 다소 약하다.

코르딜리네 *Cordyline terminalis*

과　명: 용설란과(Agavaceae)
원산지: 중국 남부에서 오스트레일리아 북부
영　명: Ti Plant, Hawaiian Ti

특 징

* 열대지방에서는 상록성 관목으로, 우리나라에서는 주로 관엽식물로 이용된다.
* 물올림은 좋아서 2주 이상 관상할 수 있다.

디펜바키아 *Dieffenbachia* x cv. Marianne

과　명: 천남성과(Araceae)

원산지: 열대 아메리카

영　명: Dumbcane

특　징

* 추위에 매우 약하므로 적어도 15℃ 이상을 유지한다.
* 천남성과 식물은 체내에 칼슘옥살레이트라는 결정체가 있어 절단면에서 나온 즙액이 손에 닿으면 사람에 따라서는 피부가 가렵거나 붉게 변할 수 있으므로 취급할 때 주의하여야 한다.

드라세나 *Dracaena* spp.

D. surculosa cv. Florida Beauty   *D. deremensis* cv. Roehrs Gold

과　명: 용설란과(Agavaceae)
원산지: 열대지방
영　명: Dracaena

특　징

* 대표적인 관엽식물로 많은 품종들이 이용되고 있다.
* 화환 등에서 화려한 줄무늬가 들어간 종류가 주로 사용된다.
* 물올림이 좋고 수명이 긴 편이다.
* 2~4℃의 건식으로 습도가 유지되는 박스에서 저장이 가능하다.

속새 *Equisetum hyemale*

과 명: 속새과(Equisetaceae)
원산지: 유라시아 대륙
영 명: Common Scouring Rush

특 징

* 제주도와 강원도의 습지에 자생하는 상록다년초로서 지하경이 뻗으면서 옆으로 자란다.
* 매우 강건하고 건조에도 강하여 보존용액에 담그지 않고도 이용이 가능하다.

유칼립투스, 유카리 *Eucalyptus* spp.

과　명: 도금양과(Myrtaceae)
원산지: 오스트레일리아
영　명: Eucalypt

특 징

* 약 700여 종의 대부분이 오스트레일리아에서 자생한다.
* 은회색 잎이 아름다워 절지로 사용된다.
* 물올림 등은 특별히 필요하지 않다.
* 습기를 유지할 수 있는 박스에 넣어 2~4℃에서 1~3주간 저장이 가능하다.

사철나무 *Euonymus japonicus* cv. Green Rocket

과　명: 노박덩굴과(Celastraceae)
원산지: 한국, 일본
영　명: Spindle Tree

특 징

* 우리나라와 일본에 자생하는 상록성 작은나무의 원예종이다.
* 건조에는 비교적 강하지만 오랫동안 물에 담그지 않으면 잎이 시들면서 황화된다.
* 물에 담글 때에는 보존용액의 청결을 위해 밑의 잎을 충분히 제거한다.

사스레피나무 *Eurya japonica*

과　명: 차나무과(Theaceae)
원산지: 한국, 일본
영　명: Eurya
별　명: 청자목

특　징

* 화환이나 꽃바구니 등에서 널리 이용되고 있는 절지류이다.
* 남부지방에서는 산울타리 등으로 이용되고 있다.
* 잎겨드랑이에 있는 꽃봉오리에서 꽃이 피면 나쁜 냄새가 나므로 유의한다.
* 수명이 매우 길기 때문에 별다른 관리가 필요없다.

아이비 *Hedera* spp.

과　명: 두릅나무과(Araliaceae)
원산지: 유럽, 북아프리카, 아시아
영　명: *H. canariensis* → Algerian 또는 Canary Ivy
H. helix → English Ivy

특　징

* 내한성 및 내음성이 강하고 다양한 잎의 형태 및 반엽 품종이 있어 유년상(幼年狀)의 잎들이 주로 관엽식물로 이용되고 있다.
* 주로 카나리아이비(*H. canariensis*)의 반엽종이 절엽으로, 간혹 아이비(*H. helix*) 반엽종이 절지로 이용된다.
* 수중절단으로 물올림한다.

히페리쿰 *Hypericum* spp.

과　명: 물레나물과(Hypericaceae)
원산지: 유라시아 대륙
영　명: Tutsan

특　징

* 물올림은 수중절단으로 실시하고 꽃은 노란색으로 관상가치가 있다.
* 반상록성 작은나무로서 열매를 관상하는 종류(*H. androsaemum*)를 절지로 이용한다.
* 우리나라에는 근연종으로 물레나물(*H. ascyron*)이 있다.

물레나물

미국낙상홍 *Ilex verticillata*

과　명: 감탕나무과
(Aquifoliaceae)
원산지: 북아메리카
영　명: Common Winterberry

특　징

* 암수딴그루의 낙엽관목으로 아름다운 붉은 열매가 10월경에 성숙한다.
* 낙상홍보다 열매가 크고 잘 달려서 절지로 많이 이용되는 종류이다.
* 최근에는 노란 열매가 달리는 품종도 개발되었다.

루카덴드론 *Leucadendron* spp.

과　명: 프로테아과(Proteaceae)
원산지: 남아프리카
영　명: Leucadendron

특　징

* 가죽질의 잎이 건조에 매우 강하여
  오랫동안 절지로 이용이 가능하다.

몬스테라 *Monstera deliciosa*

과 명: 천남성과(Araceae)
원산지: 멕시코, 중앙아메리카
영 명: Swiss-cheese plant, breadfruit vine

특 징

* 상록성 덩굴식물로 갈라지고 사이사이 구멍이 난 잎은 이국적인 느낌을 준다. 관엽식물로 널리 이용되고 있다.
* 길이가 40~60cm 정도 되는 유년성 잎 각각을 절엽으로서 꽃장식에 이용한다.
* 색깔이 연한 잎은 비교적 잎이 나온 지 오래 되지 않은 것으로 유통 중 건조할 경우 시들기 쉽다.

남천 *Nandina domestica*

과　명: 매자나무과(Berberidaceae)
원산지: 동아시아
영　명: Heavenly Bamboo, Sacred Bamboo

특　징

* 상록관목으로 붉은 열매는 10월에 성숙한다.
* 두 번 깃털모양(2회 우상복엽)으로 갈라진 잎이 절지로 이용된다.

관엽식물로 이용되는 남천

네프롤레피스 *Nephrolepis cordifolia*

과　명: 넉줄고사리과
(Davilliaceae)
원산지: 세계의 열대에서 아열대
영　명: Sword Fern

특　징

* 근경에서 많은 포복지가 나와 그 끝에 괴경이 발생되어 생장한다.
* 절화보존용액으로는 200ppm HQC와 2.25%의 자당 혼합용액이 권장된다.
* 가능하면 잎 끝이 시들어 있지 않은 것과 뒷면에 포자가 없는 것을 선택한다.
* 4~5℃에서 습식저장이 가능하다.

필로덴드론 *Philodendron* cv. Xanadu

과　명: 천남성과(Araceae)
원산지: 브라질 남부
영　명: Philodendron

특　징

* 대표적인 천남성과 관엽식물로, 절엽으로는 소형종 혹은 유년상(幼年狀)의 잎이 이용된다.
* 깃털모양으로 찢어진 잎이 특이한 조형미를 주어 서양 꽃꽂이에서 주로 이용된다.
* 잎과 줄기에는 칼슘 옥살레이트성분인 바늘모양의 결정체가 있으므로 취급 시 가능하면 즙액이 손에 닿지 않도록 주의한다.

꽈리 *Physalis alkekengi* var. *francheti*

과　명: 가지과(Solanaceae)
원산지: 유라시아 대륙
영　명: Chinese-lantern plant

특　징

* 숙근초로 열매는 꽃받침이 공주머니처럼 자라 주홍색으로 익는다.

무늬둥글레 *Polygonatum odoratum* var. *pluriflorum* cv. Variegatum

과　명: 백합과(Liliaceae)

원산지: 한국, 일본

영　명: Variegated Solomon's Seal

특 징

* 자생 숙근초로 지하경이 발달되어 있다.
* 지하경에서 나온 직립한 줄기는 활처럼 휘어 5~6월경 잎겨드랑이에 1~2개의 끝이 녹색인 꽃이 핀다.
* 절엽으로는 주로 잎 가장자리에 노란 무늬가 들어간 반엽종을 이용한다.
* 물올림은 좋은 편이다.
* 줄기 맨 끝의 잎이 채 성숙되지 않은 너무 어린 줄기는 수명이 길지 않다.
* 10℃ 전후에서 습식저장이 가능하다.
* 꽃이 지고 떨어진 후에 수확하여 유통된다.

찔레 *Rosa multiflora*

과　명: 장미과(Rosaceae)
원산지: 한국, 일본
영　명: Baby Rose

특　징

* 낙엽성 작은나무로 5월에 흰색 꽃이 피고 9월에 붉은 열매가 익는다.

루모라고사리 *Rumohra adiantiformis*

과　명: 면마과(Aspidiaceae)
원산지: 남반구의 열대에서 온대
영　명: Leather Leaf Fern

특　징

* 최근 10년 동안 급속히 보급되어 대표적인 절엽으로 자리잡고 있다.
* 2~3회 우상열편(羽狀裂片)의 엽상체(葉狀體: 고사리의 잎을 지칭)로 수명이 매우 길다.
* 가능하면 완전히 성숙되어 단단한 혁질의 짙은 녹색인 것과 뒷면에 포자가 없는 것을 고른다.

루스커스 *Ruscus* spp.

과　명: 백합과(Liliaceae)
원산지: 유럽, 이란
영　명: Butcher's Broom, Box Holly

특　징

* 잎처럼 보이는 것은 잎과 같이 생긴 줄기(엽상경; 葉狀莖)로서 매우 강건하여 오랫동안 푸른 잎을 감상할 수 있다.

청미래덩굴 *Smilax china*

과　명: 청미래덩굴과(Smilacaceae)
원산지: 동북아시아, 동남아시아

특 징

* 산야에 자생하는 암수딴그루 낙엽덩굴성 나무로서 붉은색의 열매가 9~10월에 성숙한다.
* 주로 건조 상태로 이용하므로 물올림은 필요하지 않다.

폭스훼이스 *Solanum mammosum*

과　명: 가지과(Solanaceae)
원산지: 브라질
영　명: Nipplefruit

특　징

* 작은 나무지만 보통 일년생 초화로 기르고 있다.
* 열매의 모양이 여우 얼굴을 닮아 이와 같은 일반명이 붙었다.
* 열매는 성숙할수록 녹색에서 노란색으로 변하며 광택이 난다.
* 물올림이 필요 없다.
* 주로 관상용으로 이용되며 독성이 있으므로 식용하지 않는다.

꽃과 함께 하는
즐거운 생활

용 어 설 명

다알리아의 괴근

✲ 괴근(덩이뿌리)

봉 모양으로 비대하여 저장양분을 함유하고 있는 뿌리를 말하는데 대표적으로 다알리아나 라넌큘러스, 고구마에서 나타난다.

칸나의 근경

✲ 근경(뿌리줄기)

지하의 알뿌리가 덩이모양이 아니라 전체적으로 비대한 것으로, 지하에서 옆으로 기어가는 줄기를 말한다.

칸나, 생강 등 비후한 다육질의 것도 있고 은방울꽃과 같이 지하경은 별로 비대하지 않고 가늘고 긴 것도 있으며, 난과식물과 같이 가는 것들이 덩어리로 지하에서 자라는 경우도 있다.

✲ 근출엽

줄기가 없이 뿌리에서 나온 잎으로 민들레의 잎 등이 있다.

✲ 도관폐쇄

뿌리에서 잘려진 절화의 절단면으로 들어간 세균이나 공기 등에 의하여 물기둥이 손상되어 물의 흡수가 원활하게 되지 못하는 현상이다.

✲ 두상화서

소화경이 거의 없이 화탁에 밀집해 소화가 붙어 있는 국화과의 화서를 말한다. 일반적으로 설상화와 통상화로 구성되어 있다.

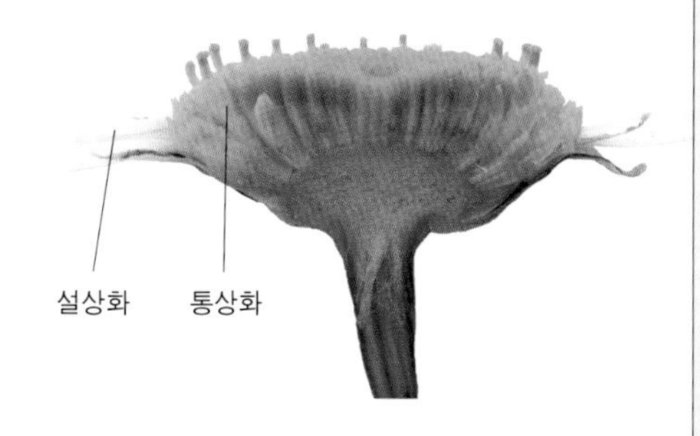

✲ 로제트잎

토양 표면에 바짝 붙어서 밀집해 자라는 잎

✲ 산형화서

소화경이 화경의 축에서 나와 편평하게 위를 향해 소화가 핀 화서로서 대표적으로 산형화과의 식물을 들 수 있다.

✲ 소화

화서를 구성하는 하나의 작은 꽃을 말한다.

✲ 엽상체

잎과 같이 편평하게 생긴 구조로서 고사리류나 일부 야자과, 백합과에서 존재한다.

✲ 에틸렌

식물체내에서 발생하는 기체성 식물 호르몬으로서 절화의 경우에는 일부의 식물에서 노화를 촉진하여 품질을 손상시키는 주요한 원인이 된다. 휘발유의 연소나 담배 연기에도 다량 함유되어 있으므로 에틸렌에 민감한 절화를 취급할 때에는 주의해야 한다.

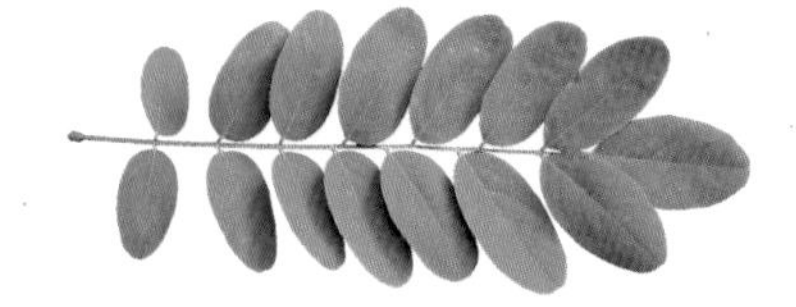

✻ 우상복엽

새의 깃털과 같이 작은 잎들이 하나의 축에 일렬로 배열된 복엽으로 대표적으로 장미의 잎을 들 수 있다.

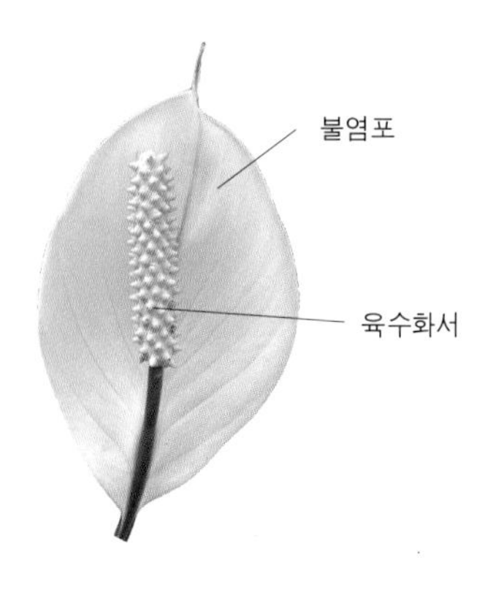

✻ 육수화서

천남성과 식물 고유의 독특한 화서 형태로, 불염포(spathe)라고 하는 특별한 포엽에 둘러싸인 작은 다육질의 꽃들이 곧게 선 축에 길게 달려 있다.

✻ 재절화

절화를 수확하여 유통 중 혹은 소비자 단계에서 절단면을 물속 또는 공기 중에서 재절단하여 수분 흡수를 촉진하는 방법이다.

✻ 전처리

절화 생산자가 수확 직후 적절한 화학물질의 처리를 통해 유통 중에 발생하는 절화의 품질 손상을 막는 방법이다.

✻ 절지 및 절엽

녹색의 푸르름이나 특이한 모양, 아름다운 열매를 가진 식물의 가지나 잎을 잘라 물에 꽂아 장식하는 소재를 말한다.

✻ 절화

주로 식물의 화기를 감상하기 위해서 뿌리에서 잘라 이용하는 꽃대

✻ 절화보존제

절화의 수명을 적절하게 유지하기 위해 사용되는 약제로서 기본적으로 절화 내부에서 양분으로 이용되는 자당과 살균제 성분이 함유되어 있다. 절화의 종류에 따라서 에틸렌 발생 혹은 작용 억제제나 지베렐린과 같은 호르몬 등을 이용하기도 한다.

✻ 포엽

꽃이나 화서에 붙어 있는 변형된 잎을 지칭하는 것으로 형태적으로 꽃의 일부로 취급한다.

✻ 화서

꽃자루에 작은 꽃들이 배열된 상태를 지칭하는 것으로 보통 꽃 전체를 말한다.

쿠르쿠마의 화서

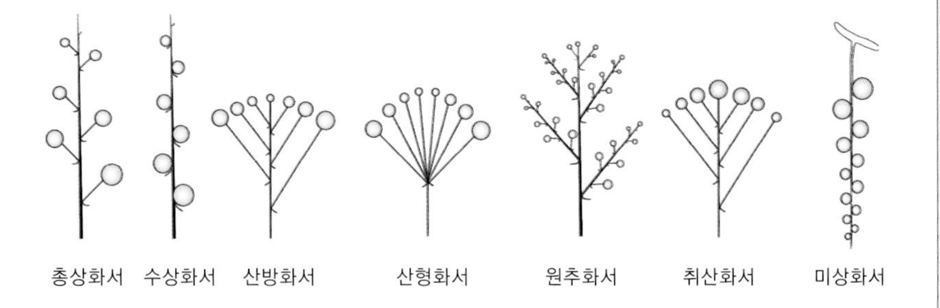

꽃의 형태에 따른 절화의 분류

✻ **뭉치꽃**(mass flower)

덩어리 또는 면을 가진 소재로 비교적 크고 둥근 형태가 많은데, 일반적으로 선꽃과 모양꽃 사이를 채워서 볼륨을 내는 데 사용한다.

예 절화: 장미, 카네이션, 거베라, 국화, 데이지, 마가렛, 수국

예 절지 및 절엽: 스킨답서스, 동백나무

✻ 모양꽃(form flower)

특이한 형태를 가진 소재로 눈에 띄는 개성적인 모습을 가진 것이 많다. 통상적으로 focal point나 그에 가까운 중심부에 위치하여 그 특성을 충분히 발휘하도록 이용한다.

예 절화: 구근아이리스, 백합, 안스리움, 카틀레아, 극락조화, 칼라, 헬리코니아, 프로테아

예 절지 및 절엽: 팔손이나무, 칼라디움, 디펜바키아, 크로톤, 몬스테라

✻ 선꽃(line flower)

꽃이나 잎이 긴 형태로 이루어진 것으로 꽃 디자인에서 그 형태를 이용하여 직선이나 곡선을 구성하는 역할을 한다. 일반적인 작품의 테두리에 사용되는 경우가 많다.

예 절화: 금어초, 스톡, 글라디올러스, 리아트리스, 후리지아, 델피니움, 용담, 꽃범의꼬리, 디기탈리스

예 절지 및 절엽: 엽란, 유칼립터스, 산세베리아, 드라세나, 개나리, 공조팝나무, 버드나무류

✻ 채움꽃(filler flower)

작고 많은 꽃이 모여 풍성한 느낌을 주는 소재로서 선꽃이나 뭉치꽃 사이를 채우거나 연결해주는 역할을 하는 경우에 사용한다. 강한 색채나 리듬감을 완화시켜주거나 섬세한 느낌을 내는 데 필요하다.

예 절화: 숙근안개초, 스타티스, 부바르디아, 백공작, 솔리다스터, 레이스플라워

예 절지 및 절엽: 아스파라거스류, 아디안텀, 안개나무, 침엽수류

절화의 품질 유지

절화(자른꽃, 切花: cut flowers)란 꽃장식에서 이용하기 쉽도록 꽃을 뿌리에서 잘라 이용하는 화훼류로서 인류는 오랜 옛날부터 주거공간에서 편리하게 꽃의 아름다움을 감상하고자 다양한 형태로 절화를 이용하였다.

그런데 식물의 꽃이란 주로 매개곤충을 유인하기 위해서 일정 기간 동안만 유지되는 특성이 있기 때문에 우리가 감상하는 꽃의 색채나 형태적인 미는 결국 절화가 정상적인 대사과정(특정 효소나 물질의 생성 및 분해 등)을 거치면서 정해진 순서에 따라 서서히 죽어가는 과정에서 나타나는 것이다.

결국 뿌리에서 꽃을 잘라 사용하는 절화의 수명은 각 식물에 따라 유전적으로 정해져 있으므로 수명을 연장한다는 것은 불가능하고 단지 적절한 환경 조건을 조성하면서 절단면을 통한 안정적인 수분과 양분의 공급을 통해 그들이 가지고 있는 수명을 최대한 유지시키는 것이 중요하다.

일반적으로 절화의 적절한 품질 유지를 위해서는 다음과 같은 생산자 단계와 유통 단계, 그리고 소비자 단계에서 적절한 관리와 처리가 필요하다.

생산자 단계에서는 적절한 시기에 수확하여 물올림을 충분히 하고 필요에 따라 전처리를 하여 출하해야 한다. 유통 단계에서는 단계별로 경우에 따라서 재절화를 하여 물올림을 실시하고 물리적인 상처가 나지 않도록 주의하면서 가능한 저온 상태로 관리하는 것이 중요하다. 소비자 단계에서는 필요에 따라 물속에서의 재절화와 물올림을 실시하고 필요없는 잎은 제거하여 증산을 줄이며, 적절한 환경 조건(온도 등)에서 적당한 보존용액을 공급하여야만 절화가 가지고 있는 본래의 수명 기간 동안 감상할 수 있는 것이다.

절화의 품질 유지에 관여하는 요인에는 크게 수분 공급과 체내 양분, 에틸렌 발생이 있는데, 식물의 종류에 따라 그 중요성이 달라서, 국화의 경우에는 비교적 수분 흡수가 좋고 에틸렌에 의해 피해가 없으므로 주로 체내 양분의 소모나 잎의 황화가 같은 문제로 인하여 품질이 손상되는 반면, 장미는 수분 공급이 원활하지 못하여 품질이 손상된다. 한편 카네이션은 주로 에틸렌 발생에 의하여 품질이 손상되므로 각 절화의 신선도 유지 및 관리를 위해서는 그 절화의 노화나 품질 손상 패턴을 이해하여 그에 따른 대책을 마련해야 한다.

여기에서는 일반적인 절화의 품질 유지에 관여하는 주요한 요인과 그 대책에 대하여 알아본다.

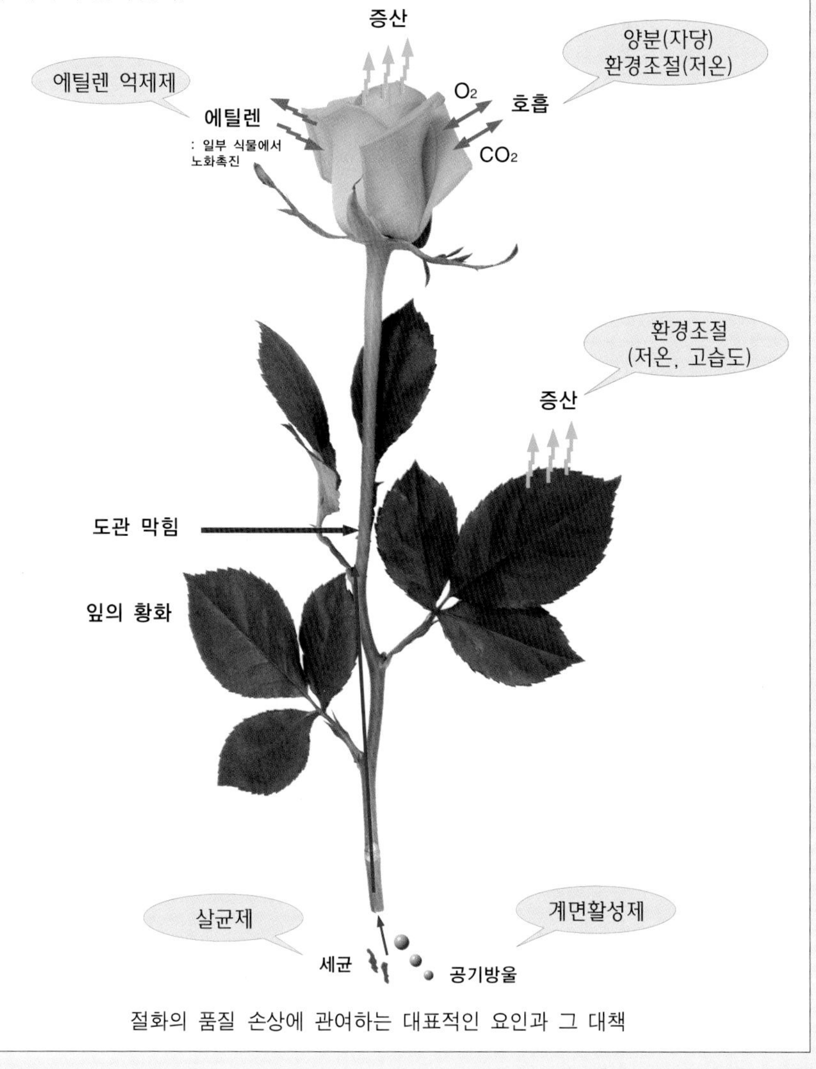

절화의 품질 손상에 관여하는 대표적인 요인과 그 대책

① 수분의 공급

절화에게 있어 절단면을 통한 물의 공급은 필수적이다. 이때 공급하는 물과 물을 담은 용기는 잡균이나 오염물질이 있지 않은 청결한 상태를 유지해야 한다. 그 이유는 도관이 균이나 오염물질에 오염되어 막히게 되면 절화에게 적절한 수분 공급을 할 수 없기 때문이다.

고여 있는 물은 다양한 세균의 번식이 이루어지므로 절화 용기에 담긴 물속에도 시간이 경과함에 따라 다량의 세균이 발생하여 절화의 도관 내로 이동하여 물의 흐름을 방해하게 된다.

따라서 물의 청결을 유지하기 위해서는 무엇보다 자주 갈아주어야 한다. 특히 여름과 같은 고온기에는 세균의 번식이 더욱 왕성하므로 자주 갈아주는 것이 좋다.

절화를 보존용액에 꽂을 때 보존용액에 들어가는 줄기에 붙어 있는 잎을 제거하여 세균의 증식을 막는 것도 보존용액의 청결을 유지하는 한 방법이다.

절화를 뿌리에서 잘라 수확한 직후부터 그 절단면을 통해서 공기가 도관에 유입되는데, 이렇게 도관 속으로 들어간 공기는 물의 흐름을 방해하여 수분 공급이 원활히 이루어지지 못해서 절화가 시들게 되는 원인이 될 수 있다.

이때 물속에서 절화를 다시 잘라 도관 내에 유입된 공기의 일부를 제거함으로써 좀더 많은 도관이 수분 흡수에 이용될 수 있도록 하는 것이 효과적인 방법이다.

외국에서는 이렇게 도관 속에 들어가 공기와 물 사이에 발생하는 표면장력을 줄여서 도관 내 공기방울을 없애주는 역할을 하는 것으로 여겨지는 계면활성제를 장미나 해바라기, 아스틸베 등에서 생산자가 처리하기도 한다.

많은 절화에서 수분의 흡수는 절단면을 통해 도관에 들어간 세균에 의해서 방해를 받는다. 그러므로 장미와 같은 절화에 있어서는 보존용액의 청결이 무엇보다도 중요하고, 상업용 절화보존제에 살균제가 기본적으로 함유되어 있는 이유이기도 하다.

특히, 양분의 공급을 위하여 보존용액에 자당을 첨가할 경우에는 반드시 살균제를 함께 넣어주어야만 보존용액 내 세균의 증식을 억제할 수 있다.

장미의 경우 수분의 공급이 원활하게 이루어지지 못할 경우 꽃목꺾임(벤트넥, bent neck)이 일어난다.

② 체내 양분

모든 생명체는 호흡을 통하여 체내 대사에 필요한 에너지를 얻게 된다.

절화의 경우 뿌리가 없는 상태이기는 하지만 꽃이 피고 유지되기 위해서 호흡을 하게 되는데, 실내 조건에서 정상적인 광합성을 할 수 없는 상태이므로 호흡에 필요한 양분이 절대적으로 부족하게 되어 경우에 따라서는 꽃이 제대로 색을 내지 못하거나 또는 온전하게 피지도 못하고 시들게 되기도 한다.

따라서 식물체 내에서 양분의 이동형태인 자당을 필요에 따라 공급함으로써 절화의 품질을 오랜기간 유지시킬 수 있다.

특히 소화가 많이 달려 있는 절화(글라디올러스 등)의 경우에는 소화가 계속 피기 위해서 반드시 자당을 필요로 한다.

③ 에틸렌

에틸렌은 식물체내에서 발생하는 기체성 식물호르몬으로서 절화의 경우에는 일부의 식물에서 노화를 촉진하여 품질을 손상시키는 주요한 원인이 된다.

절화 카네이션이나 양란류(심비디움, 카틀레야, 덴파레, 팔레놉시스), 금어초, 델피니움, 스위트피, 알스트로메리아 등은 자연적인 노화 과정에서 에틸렌을 방출하면서 꽃잎의 전체 혹은 일부가 시들거나 떨어지게 된다. 그러나 장미나 국화와 같은 많은 절화류에서는 눈에 띄는 품질의 손상이 나타나지 않으므로 모든 절화에서 에틸렌이 발생되어 피해를 받는 것은 아니다.

한편, 휘발유가 연소할 때나 담배의 연기에도 에틸렌이 다량 함유되어 있으므로 에틸렌에 민감한 절화를 취급할 때에는 주의해야 한다.

델피니움에서 에틸렌에 의한 꽃잎의 탈리

④ 온도

온도는 절화의 체내 대사활동의 속도를 결정하게 된다. 즉, 온도가 높으면 높을수록 호흡과 같은 각종 대사활동의 속도가 빨라져서 꽃대가 빨리 자라 조기 개화되며 양분 소모도 빨라 결국 조기에 노화하게 된다.

따라서 절화의 수송이나 저장 시에는 가능한 저온을 유지해야 한다. 많은 절화의 경우 5℃ 전후의 저온에서는 체내 대사활동이나 생장이 거의 멈추어 일정 기간 노화를 지연시킬 수 있다.

그러나 어느 단계 이상 저온에 놓이게 될 경우에는 저온에 의한 피해를 입게 되어 정상적으로 개화가 되지 않거나 심하면 오히려 노화가 촉진되는 경우가 있다. 특히 극락조화나 안스리움, 헬리코니아와 같은 열대 원산의 절화의 경우에는 10℃ 이하가 되면 꽃에 검은 반점이 생기는 것과 같은 저온 피해를 받게 되므로 주의해야 한다.

구근아이리스의 온도처리 5일 후

많은 절화에서 온도는 개화와 수명에 절대적인 영향을 준다.

⑤ 꽃의 성숙 정도

절화는 식물의 종류에 따라 꽃이 피는 속도와 패턴이 다르다. 적절한 개화 시기에 수확한 절화가 수확 후 최대 수명을 보인다. 그런데 꽃봉오리 상태에서 수확하여 유통 및 저장하는 것이 생산 기간을 단축하고 포장밀도를 증가시키며 온도 관리도 쉽고 물리적인 손상을 막을 수 있다.

현재 장미나 글라디올러스와 같은 절화에서는 품질에 손상없이 꽃봉오리 상태에서 수확하여 유통하고 있으나 거베라와 같은 절화의 경우에는 꽃봉오리 상태에서 수확하였을 경우에 이후 정상적으로 개화나 착색이 되지 못하므로 좀더 완전히 꽃이 피었을 때 수확하여 유통되는 것이 일반적이다.

꽃도라지도 2~3개의 꽃이 완전히 피어 착색되었을 때 유통하는데 그 이유는 수확하여 실내에서 절화 상태로 꽃봉오리가 필 경우에 정상적으로 피지 않을 뿐만 아니라 꽃이 피더라도 정상적으로 착색이 되지 않기 때문이다.

따라서 절화의 정상적인 품질을 기대하기 위해서는 식물에 따라 알맞은 성숙 정도의 절화를 구입해야 한다.

장미 꽃봉오리의 발달 단계

⑥ 공기 습도

공기 중 습도가 낮으면 낮을수록 절화의 꽃과 잎의 표면에서는 좀더 많은 수분이 증산하게 되기 때문에 보존용액을 통해 수분을 충분히 공급받지 못하는 절화의 경우에는 품질에 상당한 손실을 가져올 것이다.

따라서 일반적으로 실내의 상대습도가 60~70% 정도는 되어야 하는데, 우리나라의 경우에는 여름철을 제외하고 매우 낮은 상대습도가 실내에서 나타나므로 필요에 따라서는 절화의 적절한 품질 관리를 위하여 가습기 등으로 습도를 유지해주어야 한다.

⑦ 굴성

금어초의 굴지성 반응

굴성이란 외부의 자극에 식물이 반응하는 것으로 글라디올러스나 금어초, 스톡, 델피니움과 같이 긴 꽃대에 소화가 수상화서로 달린 절화의 취급 시 수평으로 놓였을 경우에는 부(−)의 굴지성(중력의 반대 방향으로 생장하려는 반응)으로 인해 품질이 손상되므로 이러한 절화는 취급할 때 직립할 수 있도록 관리해야 한다.

⑧ 병해충

꽃은 비교적 약한 조직이기 때문에 해충이나 병원균에 의한 침입으로 쉽게 품질이 손상될 수 있다.

생산 단계에서 적절히 이러한 병해충을 방제하지 못했을 경우에는 실내에서 관상할 때 나타나기도 하는데, 총채벌레나 응애 등에 의한 해충이 꽃잎을 갉아 먹어서 꽃잎의 일부가 함몰되거나 수침상이 나타나기도 한다.

수확 후 장미의 잿빛곰팡이병 피해

우리나라에서 장마와 같은 습한 계절에는 잿빛곰팡이병(*Botrytis*)에 의한 수확 후 피해도 심각한데 유통 중에는 피해가 나타나지 않다가 실내에서 관상기간 중에 나타난다.

절화를 서늘한 곳에서 따뜻한 곳으로 갑자기 이동시키면 꽃잎이나 잎의 표면에 일시적으로 수분이 응축되어 습한 상태가 되어 잿빛곰팡이병의 만연을 가져올 수도 있으므로 저온 저장 후 실내의 상온에 둘 때 유의해야 한다.

⑨ 잎의 황화

일반적인 절화의 경우에는 꽃대에 붙어 있는 잎보다 꽃이 먼저 시들게 되므로 잎의 품질은 크게 절화의 품질에 영향을 주지 않지만 국화나 백합, 알스트로메리아와 같은 절화를 실내에서 관상할 때에는 꽃의 노화보다 잎이 먼저 노랗게 황화되어 품질이 손상되는 경우가 많다.

이 경우에는 식물생장조절물질인 사이토키닌이나 지베렐린을 처리함으로써 억제시킬 수 있다.

⑩ 물리적인 손상

꽃은 식물체 중에서 매우 연약한 기관이므로 절화를 취급할 때 물리적인 손상을 받기 쉬우므로 다룰 때 주의를 기울이지 않으면 상처가 발생하여 병원균의 침입이나 에틸렌의 발생으로 인해 갈변되거나 조기에 시들어서 미적으로 손상되기 쉽다.

더욱이 물올림 후에 탄력이 생긴 꽃잎이나 잎은 작은 힘을 가하더라도 부러지기 쉬우므로 주의해야 한다.

절화보존제의 이용

① 살균제

절화의 수분 흡수를 촉진하기 위해서는 보존용액 내 세균의 번식을 최대한 억제해야만 한다.

HQS나 HQC, 4가 암모늄 화합물, 질산은, 황산알루미늄, 완효성 염소화합물(락스 표백제)과 같은 세균을 죽이거나 세균의 증식을 억제하는 살균제의 처리로 많은 절화에서 수명이 유지되었는데, 식물의 종류나 환경 조건에 따라 처리 농도나 시간 등이 다르므로 처리 시에는 미리 몇몇 절화를 예비적으로 처리해서 그 효과를 확인하는 것이 좋다.

특히 주변에서 구입하기 쉬워 이용하기에 편리한 완효성 염소화합물은 독성이 나타나기 쉬우므로 주의를 요한다.

② 자당

절화의 호흡을 유지하여 품질의 보존과 꾸준한 개화를 위해서는 탄수화물을 공급해야 하는데 식물체내에서 이동하기 쉬운 탄수화물인 자당(식용 설탕)이 이용하기에 적당하다. 보통 2% 이내의 자당을 보존용액에 살균제와 함께 공급하면 대부분 절화의 품질 유지에 도움이 되는 것으로 알려져 있다.

한편, 장미의 경우에는 흡수된 자당이 잎으로 먼저 이동되고 나서 이후 꽃으로 이동하는 특성이 있어서 잎에 피해가 나타나는 경우가 있으므로 1.5% 이하로 농도를 낮추는 것이 좋다.

③ 에틸렌 억제제

몇몇 절화에서는 외부로부터의 에틸렌이나 절화 스스로가 발생한 에틸렌에 의하여 노화가 급격히 진행되므로 이런 절화의 품질 유지를 위해서 에틸렌의 체내 생성을 억제하는 물질이나 에틸렌의 작용을 방해하는 물질을 처리하는 것이 좋다.

(1) 에틸렌 생합성 억제제

식물체내 에틸렌의 생합성 과정에 관여하는 효소를 특이적으로 억제하는 물질로는 대표적으로 AOA(aminooxyacetic acid나 AVG(aminoethoxyvinyl glycine)가 이용될 수 있다.

(2) 에틸렌 작용 억제제

외부의 에틸렌이나 꽃의 자연적인 노화 과정에서 발생한 에틸렌에 의한 절화의 품질 손상은 에틸렌의 작용을 무력화시키는 STS(silver thiosulfate)나 1-MCP(1-methylcyclopropene)에 의해서 효과적으로 억제할 수 있다.

절화 심비디움에서 에틸렌 작용 억제제 처리의 효과

④ 식물생장조절물질

앞서 설명한 잎의 조기 황화에 의하여 절화의 품질이 손상되기 쉬운 국화나 백합, 알스트로메리아의 경우에는 사이토키닌의 한 종류인 BA(benzyladenine)이나 지베렐린(gibberellin; 약자로 GA)의 처리로 효과적으로 억제할 수 있다.

⑤ 유기산

구연산이나 아스코르브산과 같은 유기산은 약산으로 보존용액을 산성화시켜서 세균의 증식을 억제하여 절화에 독성이 없으면서 품질 유지에 도움이 될 수 있다.

일반명 찾아보기

학명 찾아보기

R

T

서정남 고려대학교 원예과학과 농학사
고려대학교 화훼원예학전공 농학박사
일본 학술진흥회 외국인특별연구원(시즈오까대학)
농림축산식품부 국립종자원 서부지원 농업연구사

최지용 고려대학교 대학원
제주대학교 대학원(농학박사)
큐슈대학 PostDoc.
삼성에버랜드 환경개발사업부

허무룡 고려대학교 대학원(농학박사)
경상대학교 식물자원환경학부 원예학전공 교수

박천호 고려대학교 대학원(농학박사)
고려대학교 생명산업과학부 교수

꽃이 숨쉬는 책 시리즈 ③

절 화

2005년 3월 15일 초 판 발행
2014년 4월 20일 제3판 발행

지은이 : 서정남 · 최지용 · 허무룡 · 박천호
만든이 : 정진해
펴낸곳 : 부민문화사

140-827 서울시 용산구 청파로73길 89(서계동 33-33)
전화: 714-0521~3 FAX: 715-0521
등록 1955년 1월 12일 제 201-00022호
http://www.bumin33.co.kr
E-mail: bumin1@bumin33.co.kr

정가 10,000원

공급 한국출판협동조합

ISBN 978-89-385-0205-6 93520